JN123142

もっと知りたい

絹糸

家蚕と野蚕の魅了と

シルク利用の広がり

昆虫

塚田 益裕 (元信州大学繊維学部教授) 共著
小泉 勝夫 (元シルク博物館部長)

ファイバー・ジャパン

発刊に寄せて

　カイコは不思議な昆虫です。カイコが吐くシルク（繭糸）は魅力的なマテリアルであり，その世界は奥深く，私たちの好奇心を強く喚起するものです。

　古代から人類は自然界にあるさまざまなものを見つけ出して工夫し，生活や社会に利用してきました。カイコが吐く繭糸は自然界において極めて細く長く，また強く美しく，人間にとって貴重な繊維材料でした。私たち人類は叡智を結集し，またカイコの尊い命をいただきながら，長い歴史の中で生活や産業，技術・科学，文化・芸術など，人間社会との深い関係を築いてきたということができます。地球上に存在するあまたの昆虫の中で，このような形で人間や社会との関係をもつ昆虫は他に類がありません。また，昆虫から生み出されるマテリアルは数多くの繊維材料の中にあって今なお優位性を保っており，機能のバランスが良く，完璧なものだと思います。

　一方，カイコ（家蚕）とともに，野生に生息する野蚕には多様な品種が存在し，近年，その生態や繭糸のマテリアルとしての機能が注目されています。探究すればするほど，その奥深さに触れることができます。

　本書は，カイコや野蚕など絹糸昆虫の幅広い種に関して，その特徴や生態といった基本的な知識から，観察や実験の方法，応用に関する逸話などを紹介しています。読者が自身の興味に合わせてカイコやシルクとの関係をつくってゆくために必要な内容が網羅されており，これまでに類を見ない書となっています。

　著者の塚田益裕 先生は，1972年に信州大学大学院 繊維学研究科を修了後，農林省蚕糸試験場に入所され，その後，蚕糸・昆虫農業技術研究所 加工利用部の研究室長，農業生物資源研究所 昆虫科学研究領域絹タンパク質素材開発ユニットの上級研究員として，シルクマテリアルに関する一貫した研究を進めてこられました。物理学，化学，生物学といった幅広い専門知識と数多くの経験をもたれ，これらの学際領域を融合したユニークな研究による数多くの成果から，国際的に高い評価を受けられています。その後，2008年に信州大学繊維学部教授となられ，引き続きシルクタンパクの機能加工やカイコ・野蚕に関する研究を続けられるとともに，博士課程・修士課程など数多くの学生や企業の

研究者など後進の指導にご尽力されました。日本人学生だけでなくアジアや
ヨーロッパなどからの数多くの留学生を誠実かつ，きめ細やかに指導され，卒
業生のみなさんは実業界で活躍されています。

　本書は著者のこれまでの研究や実験，経験から得られた幅広い知識により，
学術と技術の両面でまとめられた内容となっています。カイコや野蚕のライフ
サイクル，絹糸の構造・物性，野蚕とカイコの共通点や相違点をわかりやすく
比較しながら，さらに絹糸の化学加工・物理加工，繰糸や染色・仕上げ，その
応用まで，数多くの写真・図版を用いて，若い人たちにも理解できるように丁
寧に解説をされています。また，これまでの著者の国際的な活動や社会貢献，
実験でのエピソードなども紹介されており，これからの若い研究者・技術者の
ロールモデルとして参考になる部分が多くあります。

　21世紀の今，地球環境や人間生存の観点から天然繊維の重要性がクローズ
アップされています。一方，ここ20年ほどの間に小学校や中学・高校において，
カイコは，絹糸昆虫の理科教材としての有効性が見直されています。サイエンス
が科学者だけのものでなく，子供たちや一般の人たちなどに広がり「シチズン
サイエンティスト」として活躍することが重要な時代になっています。そのよ
うな新たな社会に向け，本書は専門家だけでなく大学生や高校生・一般市民に
とって，きちんとした学術的内容をわかりやすく解説した書となっており，今
後，この分野のシチズンサイエンスを広げてゆくためにも貴重な図書というこ
とができます。

　「蚕糸科学」は一時代を経て，今まさに未来に向けた転換期にあると思いま
す。本書が広くたくさんの人々に読まれ，その人々によって新たな時代が創ら
れてゆくものと信じています。

　2022年1月

信州大学繊維学部

学部長（教授）　森川　英明

もっと知りたい**絹糸昆虫**
目　次

コラム

第1章　野蚕に関する総論

第1章　野蚕に関する総論

(1)　絹糸昆虫に関する基礎情報

　昔から屋内で飼育されたのがカイコ（家蚕，蚕あるいはカイコガ）である。カイコは，鱗翅目，カイコガ上科，カイコガ科（Bomycidae）に属し，学名がBombyx mori である。カイコは摂取する食物の種類が非常に少なく，桑以外による飼育では生育が悪い。カイコは，種を維持するためには飼料が桑葉に限られている数少ない単食性（monophagous insect）に近い昆虫である。この昆虫は，桑葉を食べ，眠ごとにクチクラ性の外皮を脱いで成長する。普通に飼育されるカイコは脱皮（ecdysis, molting）を4回繰り返す。3回，5回脱皮して営繭する特殊な品種もある。通常のカイコは最終齢の5齢になると食桑量が急激に増し，成熟したカイコ（熟蚕）は，繭糸を吐いて繭をつくる（営繭）（図1.1）。繭から取り出した繭糸は絹繊維製品となり衣料用に供される。

　カイコの繭からは，できるだけ多くの繭糸が取り出されるように，そして病気にならない強健で丈夫なカイコになるようヒトの手で品種改良が加えられて選抜されたため，ヒトが飼い慣らしたカイコという意味で Domesticated silk-worm と呼ばれている。

　日本国内ではカイコガ科に属する昆虫はカイコと，カイコよりやや小振りなクワコ（5.1）だけである。クワコは野外に生息し桑を食害する。カイコやクワコとは別の科に属する野蚕がいる。野蚕の中に，ヤママユガ科（Saturniidae）に属する数多くの絹糸昆虫がいる。野蚕は，カイコと違って桑葉は切食べず，ナラ，カシワ，クヌギやカシなどの葉を食物として摂取する。鱗翅目，カイコガ上科のヤママユガ科に属する野蚕の生活史は，多種多様であり，カイコに比べて不明なことが多い。日本国内に生息あるいは飼育する野蚕の他に，外国にも数多くの野蚕がおり（第3章，第4章，第5章），ヒトによって飼育されているものもある。

　カイコの繭を煮て繭糸を取ること（製糸）は容易で技術的に確立されており，繭糸を繰り取るための自動繰糸機で効率的に生糸を製造することができる。一方，野蚕の繭は，カイコと同様な方法で煮繭しても繭糸を製造することには困

難が伴う。作業者が椅子に座って座繰機で丁寧に糸繰りをしなければならないのが野蚕の製糸法である。

　野蚕には数多い種類があることを上記で述べたが、繭糸が衣料用素材として使用される主な野蚕は、サクサン、テンサン、あるいはエリサン、タサールサンやムガサンなどに限られる。テンサン絹糸は繊維のダイヤモンドとも呼ばれ、美しさが評価されている。この5種類の野蚕以外の繭糸は、衣料材料として使用された実績は少ない。

　テンサンの原産地は日本である。テンサンは、古くから野山に生息していたはずであるが、テンサンあるいはサクサンの繭糸がどの時代に衣料材料として利用されたかは明らかになっていない。

　カイコや野蚕の生活史を紹介する前に、休眠（Diapause）、眠（Molting）、あるいは蛹（さなぎ）（Pupa）などの用語の意味を知っておいていただきたい。休眠とは、発生の一定時期に成長や活動を停止する時期をいう。カイコの場合、産卵後2週間ぐらいすると、冬を越す卵は大きな変化をすることなく眠りに入る。この状態を休眠という。

　休眠と類似した用語に「眠」がある。眠とは、カイコの幼虫ならば桑を食べるのを止めて脱皮のために静止している時期、あるいはそのような状態になったことをいう。卵から孵化（ふか）したばかりのカイコの幼虫は、小さな黒蟻（くろあり）のような色と形をしており蟻蚕（ぎさん）と呼ばれる。孵化（ふか）した蟻蚕（ぎさん）が1齢蚕であり、初めての眠を初眠（しょみん）という。2齢期の眠が2眠、3齢期の眠が3眠、4齢期の眠が4眠で、合計4回の眠を経て、最終齢の5齢になり成熟した熟蚕が繭をつくる（営繭）（図1.1）。

　野蚕のテンサン幼虫やサクサン幼虫の眠の回数はカイコと同様に4回である。クスサンのように6回も眠を経るものもある。カイコや各種の野蚕の詳細な幼虫期間は付表の第1表、第2表を参照されたい。蛹（さなぎ）については次の「完全変態をするカイコと野蚕」をご覧願いたい。

　テンサンの生活環が図1.2である。テンサンの幼虫を見たことのない読者は、この生活環図に示す幼虫は腹面を上にしているので作図ミスではないかと思うかもしれない。幼虫は若齢のときから樹の枝や葉に図のような姿勢で過ごしており、食餌や移動するときもほとんどこの姿勢である。この幼虫は食餌などするとき以外は胸脚を胸に小さく畳み込んでいる。図1.2は活動時の状態で描い

たものである。テンサンの幼虫が，このように枝や葉に隠れるような姿勢でいることは，鳥や蜂などの天敵から逃れるためではないだろうかといわれている。

(2) 完全変態をする絹糸昆虫

　幼虫から成虫になる過程で，蛹となる過程を経るものが完全変態をする昆虫である。中学校の「理科」には，「完全変態あるいは不完全変態する昆虫」の話が出てくる。変態のようすが完全であるか不完全であるかにより完全変態と不完全変態の違いになるものと誤って考えるヒトがいるかも知れない。理科教材でカイコを飼育した経験のある小学生は，カイコの卵，幼虫，幼虫がつくる繭，そして繭から出てきて羽ばたく成虫（蛾）を見たことがあるため，カイコは不完全変態する昆虫だと勘違いするかもしれない。それは，小学生はカイコの蛹を見る機会が少ないためである。蛹を見つけるためには，カイコが繭をつくってから約1週間後に繭をナイフで切り開くと良いだろう。繭殻の中には，幼虫とはまったく形が異なる蛹（図1.1）が見つかるはずである。繭の中で人目に触れないままひっそりとしている蛹は，営繭後2週間ほどで翅が生えた蛾となって姿を見せる（発蛾）。繭殻の中の蛹は，成虫になるまで繭に閉じ籠って，エサを取らないでひたすら発蛾の準備をしている。繭殻で保護された蛹は，天敵に襲われることは少ないが，繭殻がなければ外敵による絶好の餌となってしまう。

　ちなみに，カマキリ，バッタなどは，蛹の過程を経ることがないため，幼虫，

Column　◆◆◆ カイコの成長と齢 ◆◆◆

　齢は幼虫の発育段階を区分する際に用いる。孵化してから第1回の脱皮までの期間を1齢，次いで2齢，3齢と呼ぶ。普通のカイコは4回脱皮をして最終齢の5齢になると盛んに桑葉を食べて成長し5齢8日，9日目あたりで繭をつくる。4齢までは桑葉の摂食量は少ないが，5齢3日目あたりから桑葉の食べ方が急激に増えるので飼育農家は採桑作業が多忙になる。カイコの特殊な品種の中には3眠あるいは5眠で営繭するものもあるが，いずれも終齢の蚕期に食桑量は非常に増加する。

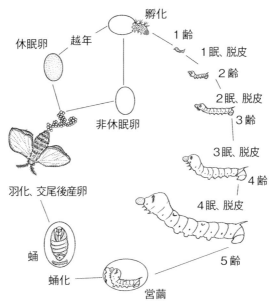

図1.1　カイコの生活環図

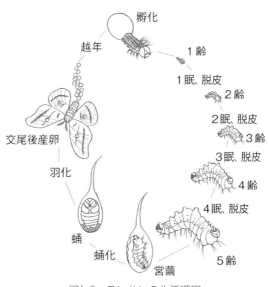

図1.2　テンサンの生活環図

即，成虫であり，不完全変態の昆虫に分類される。

⑶　絹糸昆虫の生態

　生物が発生してから死に至るまでの成長過程を生活史という。これがいわゆるライフ ヒストリー（life history）である。数多い昆虫の中でヒトの役に立つ有用昆虫はカイコと蜜蜂などである。昆虫が進化した長い歴史の中でヒトに飼い慣らされ，いわば家畜化した昆虫がカイコということになるだろう。

　絹糸昆虫でテンサンやサクサンなどは古くから人が飼育利用してきた。桑葉を食べるカイコに対して，クヌギ，ナラ，カシワなどの葉を食べて成長するのがテンサン，サクサンなどである。コバテイシ，サラソウジュなどを食べるのがタリールリン，タブノキやイメガシなどを摂食するのがムガサンで，ヒマ，シンジュ，キャッサバなどを食べるのがエリサンであり，野蚕種は数が多く生態もさまざまである（付表の第1表，第2表）。

⑷　カイコの祖先

　和名が 蚕（カイコ）あるいはカイコガとして知られるカイコの祖先について説明しよう。カイコの祖先は，2億年前に地球上に現れた 蝶（ちょう）や蛾が進化する過程で野蚕に分化し，その中からカイコが誕生したとされる。ヒマラヤ地方で生育した野蚕が世界各地に波及してカイコとなった説や，中国原産のクワコが馴化されてカイコになったとの説もある[1,2]。ヒマラヤ地方の野蚕繭は欧州のカイコの繭あるいはチベットで飼育されるカイコの繭にも酷似している。

　カイコは古代にヒマラヤ地方から世界各地に広まり，地方的な変化をしたとされたが，最近の調査研究の結果にもとづき，現在は中国のクワコ説が有望視されている[2]。

　鱗翅目カイコガ科に属するものとして，カイコ（*Bombyx mori*），クワコ（*Bombyx mori mandarina*），ウスバクワコ（*Rondotia menciana*）およびインドクワコ（*Theophila religiosae*）などは，形態的には非常に類似している。クワコは，カイコの野生種とされ，カイコとクワコの交雑種は生殖力のある子孫を残すことができる。最終齢期のクワコはカイコよりもかなり小さめの繭をつくるが，幼虫の形態は類似している（5.1⑶）。

6

(5)　クワコの種類と染色体

　カイコとクワコが、本質的に明瞭に異なる点は、細胞を構成する核の中に存在し塩基性色素に染まりやすい染色体の数である。染色体の大きさや数は生物の種類により一定である。

　カイコの染色体数が n = 28であるのに対して日本のクワコの染色体数は27である。カイコの起源は中国であることは先に述べたが、中国のクワコの染色体数は28である。このことは、中国産のクワコが長い時間をかけて馴化し中国でカイコ化したことを意味するものであり、染色体 n = 28型カイコが弥生時代前期末の日本に伝わってきたことを示唆する。カイコは、種の異なる複数の昆虫から由来したのではなく、クワコと祖先を共有する一種の昆虫から馴化されたものとされる[3]。

　染色体の数を詳しく説明してみよう。カイコの起源に関する科学的な研究によると、クワコの生殖細胞の染色体数は、27本（n）、28本（n）、31本（n）の3系統であるが、カイコの染色体数はすべて28本（n）である。染色体数31本（n）のクワコはインドに、28本（n）のものは中国、台湾、韓国に、27本（n）のものは韓国と日本に生息する。クワコは数百万年前から広く東アジアに生息していたようで、およそ400〜500万年前にこの融合が起こり、現在に至っている。近年の染色体数の研究から中国に生息する28本（n）のクワコが、馴化されてカイコになったとする説が受け入れられている[1]。

(6)　カイコとクワコの化性

　昆虫が自然状態で1年間に何世代繰り返すかという性質が化性である。吉武成美は、カイコの日本種の起源、クワコとカイコの類縁関係について研究し、複数の酵素活性を支配する遺伝子を検討したところ、支那種1化性（1年に1世代を繰り返すもの）がカイコの起源的なものであると推論した。支那種1化性は種々の酵素活性を支配する遺伝子が多型化しているため、カイコの起源的な品種と考えられている。

　カイコの絹糸および体液に含まれるタンパク質の遺伝生化学的な分析を行った蒲生卓磨は、支那種1化性から支那種2化性、ヨーロッパ種1化性が分化したものと考え、支那種2化性から東南アジア種、日本種1化性、日本種2化性ができたとの説を提案した[4]。日本種の場合は、渡来した支那種2化性から日

本種1化性ができ、続いて日本種2化性ができたと推定した。最近はカイコやクワコの遺伝子研究が進み、支那種1化性は、中国に生息する28本（n）のクワコが馴化されて支那種1化性のカイコになったと結論されている[4]。カイコがクワコから馴化された場所について、布目順郎は、中国華北一帯から四川、湖北、湖南の揚子江の上・中流域の山間部であるとの考えを提案した[2,5]。

カイコには年1回世代を繰り返す1化性、2回世代を送る2化性、3回以上送る多化性のカイコの蚕品種がある。日本のカイコは、1化性ないしは2化性であるが、ヨーロッパのカイコは1化性である。熱帯地域で飼育されているカイコは多化性で、年間数回の世代を繰り返すことができる。カイコガ科に属するクワコがつくる繭の重さは0.6 g ほどであり、繭から取れる繭糸の長さは約300 m で[5]、カイコの繭重（繭1粒の重さ）と繭糸長はそれぞれ2 g、1500 m ぐらいあり両者には大きな差がある。クワコの繭糸は衣料素材として利用されることはないため、素材を利用するためには解決すべき課題が残されている。

(7)　カイコの派生系統

世界に生息するカイコは、欧州種、中国種、日本種、朝鮮種、熱帯種に分けられる。その分化については吉武成美による酵素のアイソザイム分析の結果から、「大基」は中国種1化であり、そこから、欧州種が分化したと考えられる。一方、中国種1化は中国種2化を生み出し、その流れが日本種となったとされる。九州大学にはおよそ500種類のコア株となる系統とその派生系統約300種類

 カイコの人工孵化法 ◆◆◆

カイコの卵を人工的に孵化させる方法は、古くから内外の研究者によって研究された。国内では1880年代に人工孵化法の研究が行われ始めた。愛知県原蚕種製造所豊川支場の小池弘三によって1914年に加熱希塩酸孵化法が確立し、ようやく実用化に成功した。小池の画期的な人工孵化法はたちまち全国に普及していった。共著者は神奈川県蚕業センターで塩酸による人工孵化法を行ったが、浸酸には非常に神経を使ったので、幼虫の正常な孵化と発育を確認するまで気が休まらなかった。

が保存され，それらの系統図ができている[6]。

　日本で飼育されるカイコの幼虫期間は約25日で，営繭後，約2日間かけて繭をつくり，1〜2日後には蛹となる。蛹の期間は約15日で，蛾が出す加水分解作用をもつコクナーゼ酵素で繭層（繭重から繭中の蛹と脱皮殻の重さを除いた繭繊維）を溶かす。繭腔内で蛹から羽化して成虫（蛾）が朝方に繭殻から出てくる。蛾の生息期間は7〜10日ぐらいである。多化性のカイコの卵期間は短いが，1化性や2化性の卵の期間は非常に長い。

　第1章の冒頭でも解説したように，カイコは4回の脱皮をし最終齢の5齢期の8日目ぐらいになると熟蚕となり，繭糸を吐き出し（吐糸）営繭後2〜3で繭づくりを終える。

(8)　野蚕の体色

　カイコの遺伝的なルーツが明瞭であるのに比べ，鱗翅目ヤママユガ科（*Saturniidae*）などに属する野蚕に関連する遺伝的ルーツについては不明な点が多い。拙著の「エリサン」の項（3.4）で詳しく記載するが，エリサン（学名 *Samia cynthia ricini*）の育種や飼育を専門的に行うタイ国の育種・飼育センター（Kasetart University, Kamphang Saen Campus）（3.4(5)）には大まかな情報が蓄積されている。このセンターには，体色が異なる2種類のエリサンが飼育され，体色が白いエリサンはタイ系列の Kamphang saen 種，体色が淡黄色のエリサンはインド種と呼ばれているだけで遺伝的なルーツや交配歴は明確ではない。

　拙著では，養蚕農家が飼育するカイコと，その祖先とされる鱗翅目カイコガ科に属するクワコ（*Bombyx mandarina*）や野蚕の遺伝的ルーツの概要を紹介しよう。一般の人たちの目に触れることが困難な国内外の絹糸昆虫の幼虫，蛾，繭，繭糸などをカラー写真を用いながら説明してみたい。

参考文献

1) 小泉勝夫：新編日本蚕糸・絹業史（上巻），オリンピア印刷，pp. 1-2，下巻 pp. 1-5，(2019)
2) 布目順郎：「絹の東伝　衣料の源流と変遷」小学館，pp. 20-154（1988）
3) 馬場明子；蚕の城，未知谷，pp. 84-85（2015）

4) 嶋田透；カイコの特徴と歴史，カイコの実験単，NTS 出版，pp. 14-19（2019）
5) 伴野豊；カイコの生き物としての特色と起源，カイコの科学，朝倉書店，pp. 1-3（2020）
6) 伴野豊；九州大学（私信）

第 2 章 絹糸昆虫とその繭糸特性の概観的な解説

第2章　絹糸昆虫とその繭糸特性の概観的な解説

2.1　絹糸昆虫の卵，幼虫，繭と蛹そして成虫

　テンサンは分類学上，昆虫綱，鱗翅目，カイコガ上科，ヤママユガ科に属し，学名は *Antheraea yamamai* である。一般にテンサン（天蚕）またはヤママユと呼ばれ，国内では北海道から沖縄まで広く生息する。これに対して，中国原産の野蚕がサクサンであり，鱗翅目，ヤママユガ科に属し，学名は *Antheraea pernyi* という。明治時代に中国から輸入された。エリサンは，インドなどに生息し日本にはいないが，ヤママユガ科に属する絹糸昆虫であり，学名は *Samia cynthia ricini* という。エリサンは摂食する食べ物の好き嫌いは少なく，広く何でも食べる広食性の野蚕である。国内に住むこれらの野蚕は第3章で，国外に生息する野蚕は第4章と第5章で詳しく述べることにしよう。

(1)　絹糸昆虫が摂食する植物葉

　カイコ（*Bombyx mori*）の幼虫は桑葉を摂食して成長し，終齢末期に繭糸を吐き出して繭をつくる。まずカイコが摂食する桑樹の品種について説明をしよう。桑葉を摂取して成長するカイコ（図2.1）は，人の手で長年飼い慣らされ，

図2.1　カイコの幼虫

多量の繭糸を吐くように品種改良され，いわば家畜化した昆虫である。国内で栽培されている桑品種は寒冷地や積雪地帯あるいは暖地などの桑栽培の気象環境などに適する品種や，胴枯病，あるいは萎縮病など桑病に抵抗性のある耐病性品種などが育成されてきた。また，1，2齢期あるいは3齢の稚蚕や4齢以降の壮蚕を飼育する桑品種，春蚕期用や夏秋蚕期用の品種など，さまざまな用途に合うように多くの桑品種が育成されてきた。たとえば大正時代に育成され，全国に普及した有名な桑品種としてはカラヤマグワ系統の「改良鼠返」がある（図2.2）。改良鼠返は，春，夏秋期の稚蚕および壮蚕用のカイコに適した桑樹であり全国的に普及した桑品種であった。養蚕業が低迷した昭和39年ごろであっても多くの養蚕農家が栽培し，全国の桑園面積の19％を占めたといわれるほどにまで普及した。改良鼠返は，原産地が熊本県で，宅地内の優良な桑を増殖することで選抜された（1907年）。この桑樹は，灰白色で節間が短く収量が非常に多いが，萎縮病や胴枯病には弱いという欠点があった。

　カイコは，桑葉以外の植物のシャ（ハリグワ），カカツガユ，コウゾ，カジノキ，アメリカハリグワ，イタビカズラ，ツリガネニンジン，アキノノゲシ，オオジシバリ，セイヨウタンポポなどを食べても発育が非常に悪く，繭をつくるまで成長することはむずかしい。

　野蚕の絹糸昆虫は，カイコと違って桑葉はいっさい食べず，クヌギ，コナラなどのブナ目ブナ科コナラ属の落葉広葉樹をはじめ，いろいろな植物の葉を食べて成長する。野蚕の幼虫期間はカイコのおよそ2倍以上であり，終齢の野蚕は旺盛な食欲を見せる。野蚕幼虫の重さはカイコの3倍以上，繭重はカイコの

図2.2　桑品種「改良鼠返」

図2.3　キチン質からなるカイコの脱皮殻

13

3倍以上となる（付表の第3表）。原産地が中国であるサクサンは，小高い丘に植えた数多くのクヌギ樹で飼育され，終齢期（5齢）になると小山のクヌギ葉はすべて食べ尽くされてしまうとの話を聞いたことがある。サクサンが多量のクヌギ葉を食べることを誇張した話かもしれないが，食欲は非常に旺盛である。

(2) カイコの脱皮

カイコが成長する過程には古い外皮を脱ぎ捨てる脱皮と呼ばれる現象がある。普通のカイコ幼虫は4回の脱皮をしながら成長することは先に説明したが，脱皮の際，ちょうど衣服を脱ぐように，キチン質の脱皮殻（図2.3）を脱ぎ捨てる。脱皮殻は，副産物であるが，その新しい利用法が提案されている。化学処理することで脱皮殻から無機物質を取り除いて調製できるキチンには抗菌性などの機能があるとされている。カイコの脱皮殻のキチンは，キノコなど真菌類の細胞壁などの主成分のキチンよりも化学反応性に富んでいる[1]。キチンは，酵素や微生物の作用で加水分解し，生物分解性の性質を活用すれば，近い将来，手術用縫合糸などとして利用できる可能性がある。脱皮殻は，無駄にはできない有用な未利用資源である。

次にカイコの繭糸と野蚕繭糸の特性について紹介しよう。同じカイコの繭糸と呼ばれてはいても，両者のアミノ酸組成，繭糸特性そして化学構造はまったく異なる。カイコの他，野蚕を中心に説明しよう。ここでは主要な数種類の野蚕の生態の概要を説明するが，詳しくは後述する第3章〜第5章で詳しく述べ

 呼称「カイコ」の由来

カイコの呼称について調べてみると，「飼う蚕」から転じた説と神話による説が有力である。奈良時代の日本書紀の神話には殺害された保食神の眉からカイコが，口の中から繭が生じたとある。江戸時代の蚕書にはカイコと読む文字の蚕・蠺・蠶・神蚕・蝅が出てくる。神蚕や神の字の下に虫を合体させた蝅の字には「かいこ」とルビが付けられている。蝅の字は天と虫を重ねてサンと読ませ，他の字同様に神の虫を意味している。カイコは神の蚕から転じた説もうなずける。

ることにする。

(3) カイコの絹糸合成能力

　カイコは一生の間に20gほどの桑葉を食べ，営繭をはじめると0.4〜0.5gほどの繭糸を吐糸する。蟻蚕から熟蚕になるまでの1か月ほどの間に，幼虫体重は約1万倍以上に，体内の絹糸腺重量は約14〜16万倍にまで増大する。短期間にこれほどまでに成長し，驚くほど多量のタンパク質を生合成するようすから，カイコは動き回る「シルクの合成装置」といわれるほどである。この間に体長は，蟻蚕のおよそ25倍の7cmほどになる。

(4) カイコの繭づくり

　カイコの繭づくりのようすを詳しく見てみよう。カイコの繭づくりは，吐糸する足場を探すことからはじまる。あちこち歩き回りながら立体的な足場を見つけて吐糸をはじめる。足場がなく平面だけではカイコは繭糸を吐き出すが，立体的な繭をつくることができない。平面なところでは，カイコは紙状の平面繭をつくる。足場があると，繭が形成されはじめるまでに吐き出した繭糸は，営繭後，繭の周囲を覆う毛羽になる。カイコは吐糸をはじめてから約2日間，昼夜連続して繭づくりを行う。営繭6日目ごろ，繭殻の中で幼虫は蛹になる。
　熟蚕が営繭するためには足場となる「蔟」が必要である。井桁のように区画した段ボール製の区画蔟（回転蔟）（図2.4-1）は，現在国内で広く使用されている。熟蚕は回転蔟の小さな区画に1頭ずつ入り繭づくりをするので，営繭

図2.4-1　蔟中のカイコの繭

図2.4-2　カイコの繭

15

後，回転蔟の区画に繭が整然と並び，丁度，商品棚の品物のようである。

　繭の周囲にある毛羽は繰糸（糸繰り）工程では邪魔になるため，養蚕農家は毛羽取機で繭殻の毛羽を取り除く。毛羽を除去した後の丸々とした繭が図2.4-2である。

　繭層の断面を走査型電子顕微鏡（SEM）で観察してみよう。繭層は，いくつもの層からできており，構造が密な部位と粗な部位とが周期的に見られる（図2.5）。これは，カイコが吐糸する際，比較的に一定周期で頭胸部を振りながら吐糸をし，位置を微妙に変え繭層を積み重ねながら繭づくりをするためである。

⒝　カイコの吐糸

　3眠蚕，5眠蚕のような特殊蚕品種を除いて普通のカイコは，桑葉を食べて4回の脱皮を繰り返し5齢最終齢を迎える。カイコが摂食する桑葉量は急に増加し，体内に養分を取り込みながら成長の度合いを早め，5齢期4日目ごろからカイコのシルク生合成量は急増し，7～8日目以降に熟蚕となり繭をつくりはじめる。

　繭糸のもとになるタンパク質のシルクは後部絹糸腺（図2.6c）で生合成され，絹糸腺内に貯め込まれる。後部絹糸腺に蓄積した液体状態のシルクは，絹糸腺腔内を移動し，中部絹糸腺bへ，その後，前部絹糸腺aへと送られる。液体

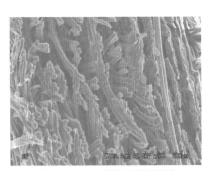

図2.5　カイコ繭層の断面写真

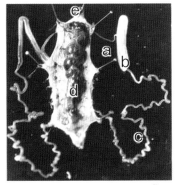

図2.6　カイコ幼虫の絹糸腺[7]
a：前部絹糸腺，b：中部絹糸腺，
c：後部絹糸腺，d：中腸，e：吐糸口

状態のシルクは後部絹糸腺から前部絹糸腺に移動する過程で，シルクの濃度が次第に高まり繭糸形成の準備がはじまる。液状シルクは吐糸口（図2.6e）を通過し機械的に扱われながら繭糸が形成される。吐糸口付近を拡大した走査型電子顕微鏡写真が図2.7-1である。鉢状の凹みにある吐糸口から繭糸が紡ぎ出されるようすが確認できる（図2.7-2）。吐糸口から引き出された繭糸（まゆいと）をカイコは足場に付着させ，頭胸部の動きにより繭糸は引き延ばされ高強度の繭糸になる。カイコの吐糸速度は約1cm/秒と緩慢であるが，繭糸の引っ張り強度はスチール製ワイヤー並の強さとなる。繭糸の繊維径は，カイコの品種によっても異なるが，頭胸部を振りながら繭糸を引き延ばす速さ，カイコの大きさ，吐糸口の径によっても影響を受ける。

(6) 羽化（成虫化脱皮）

繭の中で蛹から脱皮して成虫が現れる（羽化）のは，早朝～午前10時ごろで

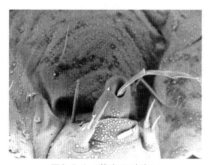

図2.7-1　繭糸の吐糸口

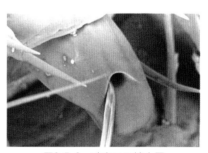

図2.7-2　吐糸口の拡大図

図2.8　交尾をするカイコ蛾

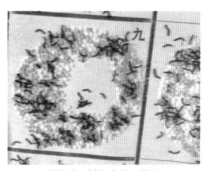

図2.9　孵化直後の蟻蚕

ある。羽化してから翅が伸びきった雄蛾と雌蛾はたちまち交尾をする（図2.8）。雌蛾は菜種の大きさほどの卵を500〜650個ほど産む。卵を産むための産卵紙に雌蛾が産み落とした卵（蚕種）が図2.9である。蚕種は小さく、楕円形をしており、長径、短径、厚さは、それぞれ1.4mm、1.1mm、0.6mmぐらいである。卵殻内でカイコの幼虫は大腮を使いながら卵の殻を破って孔径を拡げ卵殻から外に出る。卵から出たばかりの蟻に似た黒色の幼虫は蟻蚕と呼ばれ、その重さは0.5〜0.6mgほどである。

(7) 頭部の構造

　カイコ幼虫の頭部を正面から眺めてみよう（図2.10）。幼虫の頭部には口器や触角などがあり、拡大して観察すると、単眼（片側6個・計12個）、触角（片側1本・計2本）、小顎、下唇、上唇、大顎、そして吐糸口が確認できる。成虫（蛾）の頭部には櫛形で無数の繊毛が生え、左右に張り出した触角がある。雄蛾の触角器は、雌蛾が放出する性フェロモンを検出するための大事な器官（図2.11-2）である。愛らしいカイコの幼虫が蛾になると、途端に怪獣のように大変身するかのような錯覚を覚える。

　カイコ幼虫は、桑を摂食する口器と、摂取した桑葉を消化する消化器官が発達している。口器をはじめ諸器官は幼虫が脱皮する度に大きくなる。蛹は頭胸部に、肉眼で観察できる複眼2個、触角2本と胸脚がある。突然変異蚕の複眼には赤眼や白眼があるが、こうした突然変異のカイコを除くと通常のカイコ

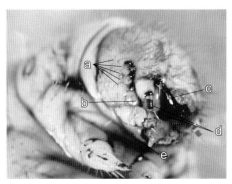

図2.10　カイコ幼虫の頭部の拡大図
a：単眼, b：触角, c：上唇, d：大腮, e：吐糸口

化蛹後，体色が淡黄色からだんだんに濃褐色ないしは黒褐色に変化する。蛾の頭部には複眼と触角などが肉眼でも観察できる（図2.11-2）。左右の複眼の間には，鱗毛で覆われてしまって見えにくいが，退化した口器の上唇，大腮，下唇，小顎などがあり，小顎は白い大型の嚢状をしており，この表面にはたくさんの感覚突起が見られる。

(8) 絹糸昆虫の蛾の配偶行動

　吐糸を終えたカイコの幼虫は繭の中で蛹になり，さらに蛾へと変わる。営繭した繭を自然状態に放置しておくと，蛹から羽化した繭殻の中の蛾は，タンパク質消化酵素を出して繭殻を溶かして繭外に出る。羽化した雌蛾は翅が伸びきると，腹部末端にある黄色い袋状の側唇を膨らませ，性フェロモンのボンビコールを出して雄蛾を呼び寄せる。雄蛾は遠方からでもボンビコールを触角器官で嗅ぎ分け，翅をバタつかせながら雌蛾に近寄ってきて交尾をする。蛾にとって触角は重要な感覚器官であり，雄蛾の触角は雌蛾よりも大型である。図2.11-1は繭殻に卵を産み付けた雌蛾（右側）である。図2.11-2は正面から見たカイコ蛾の頭部で，髭のように左右に張り出す触角と黒い複眼が際だってよく見える。一見すると蛾の正面は，映画やテレビで見るような怪獣の顔つきをしている。

参考資料

1) 羽賀篤信，張　敏：蚕とカブト虫由来キチンの生成，日蚕雑，**67**(1)，pp. 17-21 (1998)

図2.11-1　カイコ蛾の羽化　　　　　図2.11-2　カイコ蛾の正面図

2.2 野蚕絹糸とカイコ絹糸の染色性

(1) 野蚕絹糸の構造特性

　野蚕繭糸には、カイコの繭糸と同様、炭水化物、脂質そして色素などが含まれ、膠着物質であるセリシンの付着が見られる。セリシン量は、繭糸を加熱したアルカリ水溶液で処理する際に見られる試料重量の減少量（減少率）となる。カイコの繭糸と野蚕繭糸の周囲にあるセリシン量は、生糸重量に対して、それぞれ20％、5〜6％ほどで、カイコの繭糸のセリシン量は野蚕繭糸に含まれるセリシン量より4倍ほど多い。カイコのセリシンと野蚕のセリシンの結晶構造や分子構造には差異がない。野蚕に含有するセリシンの分子形態には、分子が乱れたランダムコイルに加えて、α–ヘリックスを十分に引き延ばしたときの分子形態であるβ構造が含まれる。カイコの繭糸と野蚕繭糸から取り出したセリシンの分子形態や熱的挙動はほぼ同一である[2]。野蚕繭糸の周囲にあるセリシンは水に対して難溶性であるため繭糸を精練するには工夫を要する。カイコの繭糸からセリシンを除去するためには、加熱したマルセル石けん水溶液で精練するのが一般的である。野蚕繭糸では、精練性を向上させ、温度変化に対する練減率変動を抑えるため希薄炭酸ナトリウム水溶液で精練することが好ましい。野蚕繭糸を精練する際の浴比は300倍ほどが妥当である。繭層の中層部位は、3 g/L 炭酸ナトリウム水溶液で、繭層の外層あるいは内層の部位は4

Column　 繭糸，生糸，絹糸 ◆◆◆

　繭糸と絹糸とは似た言葉のようにみえるが、全く異なる絹繊維である。カイコが吐き出した糸や繭から繰り出した1本の糸が繭糸、繰糸工程で、煮繭から繰り取ったばかりで周囲がセリシンで覆われた繊維が「生糸」である。繭糸や生糸のセリシンは、膠着物資があるため糸の感触は悪い。集束した生糸を加熱したアルカリ水溶液で煮沸するとセリシンだけが除去されて「絹糸」ができる。絹糸は、手触り感が良く、光が当たると特有の真珠光沢を示すため、古くから衣料繊維として愛用されている。

～5 g/L 炭酸ナトリウム水溶液で4時間沸騰処理するのが望ましい精練条件である[3]。

(2) アミノ酸組成と染色性

多種類の野蚕繭糸の中で，衣料材料として利用されるのは，テンサン（*Antheraea yamamai*）繭糸，サクサン（*Antheraea pernyi*）繭糸，エリサン（*Samia cynthia ricini*）繭糸などである。野蚕繭糸を精練して調製できる絹糸からできる絹繊維製品は前もって仕上げ加工や染色をすることがある。野蚕絹糸を染色したり，野蚕絹糸に新しい機能を付与するためには化学加工が有効である。化学加工のための加工試薬は，絹糸の塩基性アミノ酸と化学反応する。野蚕絹糸の染色挙動や化学反応性を予め知っておくには，野蚕絹糸のアミノ酸組成を評価すると良い。染料の染着性に関与する野蚕絹糸構成のアミノ酸は，塩基性アミノ酸や酸性アミノ酸である。テンサン，サクサン，エリサンの絹糸に含まれる塩基性あるいは酸性アミノ酸の組成を集約したものが表2.1である。野蚕絹糸と，その対照区としてのカイコの絹糸のアミノ酸組成を比べてみよう。野蚕絹糸を構成するアミノ酸には，カイコの絹糸を形成するアミノ酸に比べてリシン（Lys），アルギニン（Arg），ヒスチジン（His）などの塩基性アミノ酸が多い。野蚕絹糸ではこれらのアミノ酸の合計値がカイコの絹糸に比べると3～4倍ほど多く，野蚕絹糸にはアスパラギン酸（Asp），グルタミン酸（Glu）などの酸性アミノ酸がカイコの絹糸に比べて1.5～1.9倍ほど多く含まれる[4]。

表2.1　各種絹糸のアミノ酸組成[4]

	塩基性 AA*	カイコ塩基性 AA 比	酸性 AA*	カイコ酸性 AA 比
カイコの絹糸	0.181	1.0	0.355	1.0
テンサン[*1]	1.034	5.7	0.685	1.9
サクサン[*2]	0.901	5.0	0.676	1.9
エリサン[*3]	0.658	3.6	0.485	1.4
野蚕平均値	0.864	4.8	0.615	1.7

＊単位：$\times 10^{-3}$ eq/g
・AA：アミノ酸
・野蚕平均値とは，＊1，＊2，＊3の合計値の平均を意味する.

21

(3) 酸性染料モデル

　酸性染料のモデルとして0.02 N塩酸を用いることにより，野蚕絹糸への塩酸の吸着量を求めることができる[4]。野蚕絹糸への塩酸の吸着量は次の順序である。クリキュラ絹糸≒ヨナグニサン絹糸＞アナフェ絹糸≒エリサン絹糸＞カイコの絹糸。クリキュラ絹糸が最も塩酸を多量に吸着する。野蚕絹糸への塩酸の吸着量は，カイコの絹糸への吸着量より2〜3倍ほど多い。塩酸吸着量は酸性染料の染着座席となる分子側鎖や分子側鎖の末端にあるアミノ基量に関連しているため，野蚕絹糸の染着座席数はカイコの絹糸よりも多いことがわかる。野蚕絹糸の染料染着性は，染料が均染系染料，酸性染料，あるいはミリング系染料であっても，エリサン絹糸が最も高く，染色浴中に含まれる染料のほとんどが吸着されるほどである。一方，ヨナグニサン絹糸の染着率は最低の値である[4]。野蚕絹糸への塩酸吸着や酸性染料の吸着量が多いのは，絹糸に含まれるLys，Arg，His などの塩基性アミノ酸がカイコの絹糸に含まれる塩基性アミノ酸より多いためである。

(4) 絹糸の染着量

　野蚕絹糸とカイコの絹糸への塩酸あるいは染料の染着量を見てみよう（表

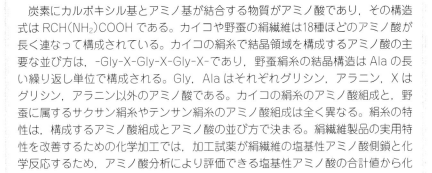

Column ◆◆◆ アミノ酸 ◆◆◆

　炭素にカルボキシル基とアミノ基が結合する物質がアミノ酸であり，その構造式は RCH(NH2)COOH である。カイコや野蚕の絹繊維は18種ほどのアミノ酸が長く連なって構成されている。カイコの絹糸で結晶領域を構成するアミノ酸の主要な並び方は，-Gly-X-Gly-X-Gly-X-であり，野蚕絹糸の結晶構造は Ala の長い繰り返し単位で構成される。Gly，Ala はそれぞれグリシン，アラニン，X はグリシン，アラニン以外のアミノ酸である。カイコの絹糸のアミノ酸組成と，野蚕に属するサクサン絹糸やテンサン絹糸のアミノ酸組成は全く異なる。絹糸の特性は，構成するアミノ酸組成とアミノ酸の並び方で決まる。絹繊維製品の実用特性を改善するための化学加工では，加工試薬が絹繊維の塩基性アミノ酸側鎖と化学反応するため，アミノ酸分析により評価できる塩基性アミノ酸の合計値から化学加工による，およその加工率を予想することができる。

2.2)。均染系染料による酸性染色でも，ミリング系染料による中性染色であっても，エリサン絹糸が最も高い染着量を示し，染色浴に含まれる染料のほとんどが消費されてしまう。

　エリサン絹糸の染着量よりは減少するが，カイコ絹糸，クリキュラ絹糸，アナフェ絹糸はほぼ同程度の染着量である。染着量が最も低いのはヨナグニサン絹糸である。エリサン絹糸が優れた染料吸着性を示すのは，繊維断面が多孔性であり染料が繊維内に拡散しやすいためであろう。アナフェ絹糸とクリキュラ絹糸がカイコの絹糸と同程度の染料染着性を示した理由をさらに明らかにするには，絹糸の構造と染着性との関係を考慮しながら追究する必要があろう（2.2(2)）。

⑸　絹糸特性の基礎知識

　染色性，酸・アルカリに対する耐薬品性あるいは形態安定性などの新しい機能を絹繊維に付与するためには，エポキシ化合物や二塩基酸無水物のように反応性に富む加工試薬を用いて化学加工することが有効である。化学加工では，反応試薬とタンパク質繊維の塩基性アミノ酸とが化学反応して結合（共有結合）するため，化学反応性に富むアミノ酸を多く含む野蚕絹糸はカイコの絹糸よりも化学反応しやすい素材である。

⑹　絹糸のボイド

　サクサン絹糸の断面でも微細な孔があることを第3章でも紹介するが，野蚕

表2.2　絹糸への塩酸の飽和吸着量と酸性染料の吸着性[4]

	塩酸[*1] 0.02N	Kayanol G （1% o.w.f.)	Kayanol milling （2% o.w.f.)
アナフェ	44.3	89.1 (5.32)	85.2 (6.80)
クリキュラ	64.8	92.2 (5.83)	81.5 (7.19)
ヨナグニサン	61.3	72.7 (5.77)	72.2 (7.49)
カイコ	25.9	92.7 (5.07)	85.2 (6.60)
エリサン	47.5	98.2 (4.94)	87.3 (6.84)

・Kayanol G：均染染料の Kayanol cyamine G 1% o.w.f.
・Kayanol milling：ミリング染料の Kayanol milling cyanine 5 R 2%
*1 単位：$\times 10^{-5}$ eq；HCl/g・fiber
・Kayanol G1%，Kayanol milling 1% o.w.f の染色前の pH はそれぞれ4.06，6.35
・上記表の（　）内：染色残液の pH

繭糸の断面には形が異なる微細な孔（ボイド）があることを初めて確認したのは鳴海多恵子ら[5]であった。ボイドの大きさと数は，野蚕の種により異なるようである。テンサン絹糸，サクサン絹糸，ムガサン絹糸は，それ以外の野蚕絹糸に比べてボイドの数が多い。野蚕繭の中層から取り出した絹糸には，ボイド数が多い傾向がある[5]。野蚕絹糸の機械的な特性は，絹糸のボイド数，微細構造，あるいはボイドの形の影響を受ける。テンサン絹糸で見られるボイドの大きさは，直径0.1〜0.8μmのものが多い[6]。

(7) カイコと野蚕絹糸の引っ張り特性

　各種の絹糸を切断するまで引っ張った強度と伸度の曲線（強伸度曲線）が図2.12である。野蚕絹糸とカイコの絹糸の強伸度曲線に見られる大きな差異は，引っ張り初期に観察できる。カイコの絹糸の強伸度曲線ではカイコの絹糸の立ち上がりの勾配（初期引っ張りヤング率）が最も急であるが，野蚕絹糸の初期引っ張りヤング率はカイコの絹糸に比べると小さい値であり，いわゆるゴム状態の引っ張り挙動を示す[6,7]。その後，野蚕絹糸をさらに一定以上牽引すると強度が次第に増大する。野蚕絹糸の強伸度曲線に共通して，伸度が3％付近で折れ曲がり（降伏点）が明瞭に見られる点で，カイコの絹糸とは対照的である。カイコの絹糸は金属製のワイヤーのように硬くて伸びにくい引っ張り挙動を示すのに対して[8]，野蚕絹糸は，引っ張り初期では絹糸が伸びても絹糸には加重

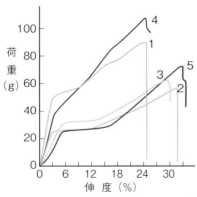

図2.12　カイコと野蚕絹糸の強伸度曲線[7]
絹糸：1 カイコ，2 テンサン，3 サクサン，4 タサールサン，5 ムガサン．

が加わりにくい。

参考資料

2）塚田益裕；野蚕絹セリシンの分子形態について，日蚕雑，**52**(4)，pp. 296-299（1983）

3）加藤弘，秦珠子，安田公三，神田千鶴子；野蚕繭の精練染色と構造特性，日蚕雑，**68**(5)，pp. 405-415（1999）

4）加藤弘；繭糸の染色，天蚕（赤井・栗林編）．サイエンスハウス，pp. 206-221（1990）

5）鳴海多恵子，小林正彦，森精；絹糸虫類の繭糸中のボイドに関する電子顕微鏡観察，日蚕雑，**62**(6)，pp. 489-495（1993）

6）赤井弘；野蚕シルクの魅力，その多孔性と多様性，繊維と工業，**63**(9)，pp. 238-243（2007）

7）赤井弘，加藤弘；地球上の野生シルク資源，http://sanshi.my.coocan.jp/pdf/102.pdf

8）塚田益裕；蚕による賢いシルクの紡糸法，加工技術，**49**(2)，pp. 42-43（2014）

2.3　野蚕の生態

(1)　野蚕の生活史

　ヤママユガ科に属する野蚕の種類は多い。幼虫の色と形態，蛾の翅色，営繭行動などは種によっては非常に特異的であるため，観察の対象としては魅力がある。多様な野蚕の中で，絹糸が衣料用素材となるのは主にテンサンとサクサン，エリサン，タサールサン，ムガサンなどの繭糸であり，その他の野蚕繭糸は衣料用素材として利用されることが少ない。テンサンとサクサンの原産地は，それぞれ日本と中国である。カイコと野蚕の越冬形態は対照的である。

　そこで野蚕の形態，生態と生活史を紹介し，野蚕繭とカイコの繭の形状の違いについて解説しよう。カイコの原産地は中国で，カイコは世界に広がり，日本種，ヨーロッパ（欧州）種，朝鮮種，熱帯種がある。カイコは卵態，テンサンは卵内幼虫態，そしてサクサンは蛹態で越冬する（詳しくは付表の第1表参照）。

(2)　絹糸昆虫の卵と繭

　カイコ，テンサン，サクサンの卵のサイズをまとめたものが表2.3である。テンサン，サクサンの卵の長径，短径はカイコの卵の2倍ほど大きく，卵の厚さはカイコの卵の3倍ほどである[9]。

　繭の大きさは1リットル升に入る繭の数で表わし，カイコ，テンサン，サク

表2.3　カイコと野蚕の卵の大きさ[9]

	長径, mm	短径, mm	厚さ, mm
カイコの卵	1.3〜1.4	1.03〜1.18	0.5〜0.6
テンサン卵	2.84	2.46	1.88
サクサン卵	2.83	2.44	1.86

サンでは，それぞれ180，136，113粒ぐらいである。繭数が少ないほど繭は大きいことになるので[9]，3種類の繭の中で最も大きいのはサクサン繭である。

　卵殻から小さい蟻蚕が卵外にでるカイコの孵化時期を見てみよう。カイコは塩酸による人工孵化法が確立しているので，年間を通じていつでも孵化させて飼育できるが，農家で一般的に行われている飼育を見ると，春蚕は5月上中旬，夏秋蚕は，6月中下旬～9月上旬である。野蚕の場合，テンサンは5月中旬，サクサンは，春蚕5月中下旬，秋蚕8月下旬ごろ孵化する。カイコ，テンサン，サクサン幼虫の経過日数は，それぞれ20～30日，42～52日，42～52日ぐらいである。

　カイコ，テンサン，サクサンの環境への適応性と耐病性に関連する「強健性」は，それぞれ小，中，大であり，サクサンが優れた強健性をみせる。成長する過程では，カイコが動き回る移動性は比較的少ない。一方，テンサンは就眠間際や営繭間近に活発に移動する傾向が見られ，サクサンの移動性はテンサンほど大きくない。孵化したばかりのカイコ，テンサン，サクサンの体色は，それぞれ，黒，黄色，褐色で，頭部の色はそれぞれ，黒，褐色，褐色であり[9]，種の違いによって強健性，移動性，体色などには大きな差がある。4～5齢幼虫のカイコ，テンサン，サクサンの体色は，それぞれ，白，緑色，黄緑色で，頭部の色はそれぞれ淡褐色，緑～青緑色，褐色である。

　次に営繭時期を見てみよう。カイコは蚕期（さんき）によって異なるが，春蚕は6月中・下旬，夏秋蚕は，7月上旬～8月中旬，晩秋蚕以降では9月下旬～10月上旬である。テンサンは1化性であるため，6月上旬～中旬ごろ，サクサンは2

化性なので，1化期は7月中旬〜下旬ごろ，2化期は10月上旬ころ営繭する。サクサンは，寒冷地では気候の影響を受けて1化件になる。

　カイコと野蚕の繭の重さ（繭重）と繭層重をまとめたものが表2.4[9]である。テンサンの繭重は，雌の繭の方が重い。雌のテンサン繭層重は雌のカイコ繭層重の1.5倍ほど大きな値となる。雌のテンサンの繭重あるいは繭層重は雄の繭重や繭層重よりも大きな値となるが，雌のサクサンの繭重や繭層重は雄の繭重や繭層重よりも大きい。一般的には野蚕とカイコの繭重，繭層重は，雌の方が雄より重いが，雌の蛹体重がかなり重いため，雄の繭層歩合の方が大きい。サクサンの繭重や繭層重は雄と雌との間には差が見られないことが表2.4でわかる。テンサンやサクサンの繭重，繭層重などの形質には大差がないといわれていることも知っておいてほしい。

　テンサン，サクサン，カイコの幼虫期間の比較した結果を表2.5に示す。

(3) 野蚕の生息地

　養蚕農家が飼育するカイコは桑葉を食べて成長するのに対して，野蚕のテンサンやサクサンはクヌギ，ナラ，カシワなどの葉を食べて育ち熟蚕になると繭づくりをする。野蚕は，カイコのように人に飼い馴らされて家畜化した昆虫とは異なる。いろいろな野蚕が，日本をはじめ，中国，インド，東南アジア，南アメリカ，北アメリカ，ギリシャ，アフリカなど，熱帯圏を中心に温帯圏にまで広く生息している。特にアフリカ，インド，中国，東南アジアには多くの種類の野蚕が生息している。これらの中で良く知られる野蚕はインドではタサー

表2.4　カイコと野蚕の繭重と繭層重

	繭重，g	繭層重，g
カイコ　雄	2.03	0.43
カイコ　雌	2.15	0.49
テンサン　雄	5.6	0.6
テンサン　雌	8.3	0.7
サクサン　雄	4.8	0.9
サクサン　雌	7.6	0.9

ルサン，ムガサン，エリサン（ヒマサンともいう）である。中国，韓国，北朝鮮ではサクサンが，日本ではテンサンが人々に飼育されている。

　各野蚕の生息場所は限られており，しかもカイコの繭に比べて大きいサイズの野蚕繭から繰りとることができる繭糸量は，カイコの繭から取れる繭糸量の1/2〜1/3程度である。野蚕繭から繭糸を繰ることはカイコの繭に比べて困難であることに加えて，野蚕繭糸の繊維径が大きいので，煮繭条件を工夫しても繭から取り出すことができる繭糸量は少なくなる。

⑷　国内に生息する野蚕の生態

　わが国で飼育されるサクサンやシンジュサンは明治時代に中国から，エリサンは昭和10年代に輸入された[11]。国内ではヤママユガ科に属する野蚕の種類が多く，テンサンや輸入したサクサンやシンジュサンに加えて，ヨナグニサン，ウスタビガ，クスサンなど多くの野蚕が生息している。ヤママユガ科に属し，学名が *Attacus atlas* というヨナグニサン，そして学名が *Samia cynthia pryeri* と呼ばれるシンジュサン[13,14]の特徴について簡単に紹介しよう[11]。

　現在のところ衣料用の繊維製品の原料として利用できる野蚕の繭糸は，先に述べたとおり限られている。野蚕の繭糸を素材として利用する技術はカイコに比べると遅れてはいるが，学術的に興味がある野蚕は，ヨナグニサン，ムガサンあるいはシンジュサンである。

　ヨナグニサン（3.2）は，中国南部，東南アジア，インドなどにも生息し，わが国では沖縄だけにすむ昆虫である。ヤママユガ科のクスサン，ウスタビ

表2.5　カイコと野蚕の幼虫期間の比較

	1齢，日	2齢，日	3齢，日	4齢，日	5齢，日	全齢，日
テンサン	10	9	9	11	13	52
サクサン，春期	8	7	7	8	12	42
サクサン，秋期	6	7	8	10	14	45
カイコ	4	3	4	5	7	23

〔出典：中嶋福雄，天蚕　飼育から製糸まで，農山漁村文化協会（1986）〕

ガ[14]，オオミズアオなどの野蚕も日本には生息はするが，これらの野蚕繭の繭糸は素材化されたことがない。ウスタビガ（4.5）は，緑黄色の美しい繭をつくり，繭は藁筵を二つ折りにしてつくった袋で穀物や塩などを入れるのに用いる叭状である。ウスタビガの繭の特異的な色と形が着目され，みやげ品として販売されたり，繭殻は玩具や飾り物に活用されてはいるが，今後はみやげもの以外の活路を見つける必要がある。

(5) テンサン

　国内に広く生息し飼育されているテンサンの生態を観察してみよう。テンサンは冬を卵で越し，野外では4月下旬から5月上旬ごろに孵化する。飼料樹はクヌギ，コナラ，カシワ，アベマキ，カリン，高柳をはじめアラカシ，シラカシ，ウバメカシ，スダジイ，マテバシイ，エゾノキヌヤナギなどである。

　幼虫は50〜60日間（平均約52日）ほどかけて4回の脱皮を経て，6月中・下旬ごろ，最終齢の5齢期後半に営繭する。吐糸を終えた幼虫は繭殻の中で蛹となる。テンサン繭の重さは約6gで，カイコの繭（約2g）の3倍ほど大きい。雌の繭重は8gを越えるもの（表2.4）がある[11]。

　蛹は1〜2か月ぐらい夏眠するので，羽化は8〜9月ごろとなる。午後10時ごろから午前2時ごろの深夜に羽化する。昼間における蛾の行動範囲は狭いが，夜行性で夜中に盛んに行動する。羽化の翌夜には交尾し，日没から深夜にかけて2〜3夜にわたり産卵し，このまま冬を越す。1蛾の産卵数は約150〜250粒である。テンサンは1年に1世代を送る1化性で，完全変態をする

昆虫である[15]。カイコの絹糸よりも太いテンサン絹糸を切断まで引き伸ばすと30％以上は伸びる[12]。繭から取れる生糸量はカイコよりも少ない。

(6) サクサン

　サクサンの原産地はすでに説明してきたように中国である。中国では、多くの農家がサクサンを飼育し、飼料樹のクヌギ樹を植えた小高い山がサクサンで占領されるとまでいわれる。日本に輸入され飼育されたのは明治時代のことである[11]。サクサン幼虫はクヌギ、コナラなどの葉を食用とする。サクサンは国内では明治大正時代以降、盛んに飼育されるようになった[11]。

　サクサンの生態は、テンサンと類似しているが、テンサンと異なるのは、年2回発生し蛹で越冬することである。繭色が褐色であることはサクサン繭の特徴である。冬を越した蛹は4月下旬から5月上旬に羽化して産卵する。5月中旬から下旬ころに卵から幼虫が孵化する。幼虫は4回の脱皮をし、7月中・下旬ごろに繭をつくる。繭殻中では幼虫が蛹に変態する[11]。蛹は20〜30日後に羽化し、交尾してから産卵する。2化期（第2回目）では8月上旬から孵化がはじまり、10月上旬ごろ、繭をつくり、繭殻中では幼虫が蛹になって冬を越す。サクサンは壮健で物音などに鈍感であるため、神経質で繊細なテンサンを飼育するよりも簡単である。

　サクサン幼虫の形態は、テンサン幼虫の形態に非常に類似しているが、頭部の色に違いが見られる。全齢を通してサクサンの頭部は褐色である。テンサンの頭部は1〜2齢は褐色、3〜5齢の間は緑色であるので、両者の違いははっ

きり区分けできる。

(7) ヨナグニサン

　ヨナグニサンは，インド，ヒマラヤ，東南アジア，中国南部，台湾，日本に分布する。ヨナグニサンは沖縄県の天然記念物であり，日本では沖縄県の与那国島，西表島，石垣島にのみ生息している。幼虫はアカギ（トウダイグサ科），モクタチバナ（ヤブコウジ科），フカノキ（ウコギ科），ショウベンノキ（ミツバウツギ科）などの葉を食べて成長する。年3～4回の世代を繰り返えす。幼虫は5回脱皮し（5眠6齢），6齢期には体長が10 cm内外にまで成長し[11]，昆虫の中では翅の面積が最大の昆虫の蛾であるといわれる。

　巨大蛾として知られるヨナグニサンについての保護増殖検証事業報告書（1989，ヨナグニサンを守る会）によると，25℃で飼育した幼虫は，43日ぐらいで営繭し，繭中で幼虫は蛹となる。ヨナグニサンの蛹の大きさと体重，繭長と繭幅をまとめたものが表2.6である。カイコの蛾や数多くの野蚕蛾の写真が「加工技術」に紹介されているので参照されたい[10]。

(8) カイコの繭と野蚕繭の形状

　カイコの繭や野蚕繭には種の特異性があり，大きさ，色，形，繭に付く柄の有無など，両者の繭特性は，まったく異なるので見分けやすい。カイコガ上科のヤママユガ科に分類されるテンサン，サクサン，ムガサン，シンジュサン，クスサン，クリキュラ，ヨナグニサンあるいはシャチホコガ上科のギョウレツケムシ科に属するゴノメタやアナフェなどの繭は，カイコガ科上科のカイコガ科に分類されるカイコやクワコの繭に比べると極めて特徴ある繭をつくる。そのため，種不明の野蚕の繭であっても，繭の形，色，食害植物や採取場所などの情報がわかれば，どの種であるかはほぼ推測できる。それでは図2.13の野蚕繭を見ながら説明することにしよう。

表2.6　ヨナグニサンの蛹と繭の大きさ[11]

	蛹体長，cm	蛹の体重，g	繭長，cm	繭幅，cm
雌	4.7	10	8～9.5	3.5～4.7
雄	4.5	6	7～8	3.5～4.8

ヨナグニサンやオオミズアオは，枯葉のような繭（図2.13 ①，⑨）をつくる。ボカボカした柔らかな毛羽で覆われた繭（③）はエリサン繭である。クリキュラは黄金色に輝く網目状の繭（④）を，ウスタビガは，緑色をして上部が巾着のように平たく閉じた繭（⑩）をつくる。タサールサンの繭（⑪）は薄茶色でウズラの卵を上下に引き延ばした長楕円形で，長目の柄があるので一見すればわかりやすい。ボカボカして毛羽状を呈する小型のクワコ繭（⑤）は他の昆虫の繭よりも２回りほど小さい。

　衣料素材として最も一般的に用いられている繭は，楕円形，紡錘形あるいは俵形を呈するカイコの繭（⑥）である。長い柄（繭柄ともいう）が付いた野蚕繭は，①，②，⑦，⑧，⑩，⑪である。エリサンの繭③は枝葉にぶら下がって営繭することはないが，クワコは枝葉に足場となる繭糸を吐き，枝に柄をつなげてぶら下がるように営繭することもある。特にクリキュラ④は営繭するときに，個々に営繭することもあるが，２〜３匹，あるいは数匹以上の集団で葉や枝に付着し，互いに柄を作りあって繭づくりをする性質がある[16]。図2.13でわかるように，繭の形や柄の有無にも昆虫の種の特異性が見られる。

　サクサン，ムガサン，インドのタサールサン（*Antheraea mylitta*）の複数の野蚕繭を少し過酷条件下で精練をして繰糸した絹糸が図2.14である。各種野蚕絹糸の色に着目してほしい。白色の度合い（白度）が高いものから低いものに並べてみよう。エリサン繭＞サクサン繭＞タサールサン（インドサクサン）繭。繭糸の着色度合いが濃いものを並べると次の順序となる。アナフェ（*Anaphe*

図2.13　野蚕繭
①ヨナグニサン，②ムガサン，③エリサン，④クリキュラ，⑤クワコ，
⑥カイコ，⑦サクサン，⑧テンサン，⑨オオミズアオ，⑩ウスタビガ，
⑪タサールサン（ラオス産）

reticulata）繭＞ヨナグニサン繭＞ムガサン繭。

　絹糸によって色調の差が見られるが，これは野蚕が摂食する植物に含まれる有色色素に由来するものである。有色色素は繭糸表面を覆うセリシンに含まれるため，精練で繭糸からセリシンを完全に除くと，野蚕繭糸の色調は薄く，あるいは白色となる。絹糸に含まれる天然色素を，将来，化学的な手法で繭糸に固定化することができれば，天然色素の色合いを残した野蚕絹糸を調製することができ，自然志向のヒトに好まれる衣料素材として利活用できるはずである。

図2.14　野蚕の絹紡績糸
a エリサン，b ヨナグニサン，c アナフェ，d サクサン，e ムガサン，
f タサールサン（インドサクサン）

参考資料

9）塚田益裕，佐藤俊一，庄村茂，梶浦善太：ウスタビガ繭糸の形態および理化学的特性，日本シルク学会誌，**20**，pp. 27-33（2012）

10）梶浦善太：蚕と野蚕の遺伝資源とそれらの応用，加工技術，**48**(10)，pp. 17-26（2013）

11）小泉勝夫：新編日本蚕糸・絹業史（下巻），オリンピア印刷，pp. 222-253（2019）

12）塚田益裕：天蚕繭から生糸をとる，加工技術，**52**(4)，pp. 53-55（2017）

13）塚田益裕，梶浦善太：ヒマサンとシンジュサンが面白い，加工技術，**48**(11)，pp. 14-15（2013）

14）塚田益裕：今，野蚕のウスタビガが面白い，加工技術，**49**(3)，pp. 26-27（2014）

15）塚田益裕：野蚕飼育の基礎知識，加工技術，**48**(11)，pp. 14-15（2013）

16）赤井弘：黄金繭　クリキュラ～マンゴの大害虫が美しい健康シルクを造る～，佐藤印刷，pp. 3-16（2015）

第3章
国内に生息あるいは輸入種による繊維用の野蚕

第3章　国内に生息あるいは輸入種による繊維用の野蚕

 ## 3.1　テンサン

海外から輸入し飼育をはじめた絹糸昆虫のサクサン，エリサンに加えて，わが国に生息し，私たちの身近な絹糸昆虫で，絹糸が衣料用に用いられるテンサン，ヨナグニサンなどについて説明してみよう。

(1)　テンサンの呼称

日本原産のテンサンは，分類学上，昆虫綱，鱗翅目，カイコガ上科，ヤママユガ科に属する絹糸昆虫である。学名は *Antheraea yamamai* といい，一般にテンサンまたはヤママユと呼ばれる。「テンサン」の呼称は，後述の「ヨナグニサン」（3.2）と同じように，文献によっては統一されていない。

① 「蚕糸学用語辞典」（日本蚕糸学会　蚕糸学用語辞典編纂委員会編集，(1979)）では「ヤママユ」と記載されている。

② 「カイコの実験単」（日本蚕糸学会監修，2019年）では「ヤママユ」である。

③ 蚕糸学入門，改定蚕糸学入門ではテンサン（ヤママユ）と併記されている。

④ 「天蚕」（赤井弘・栗林茂治編著，サイエンスハウス，1990年）や染織事典（中江克己編，泰流社。1987年）では「天蚕」「テンサン」になっている。

文献情報によると，テンサンか，ヤママユか，あるいは天蚕かという具合に異なる複数の呼称があり定まってはいない。拙著では著者らが使い慣れた呼称「テンサン」として記述することにした。テンサンは1化性で卵休眠し，染色体数2nは62である。世界で生息するヤママユガ科（Saturniidae）の絹糸昆虫の中で緑色～黄緑色の繭をつくるのはテンサンとウスタビガ[1]である。繭色の色調や繭形の特徴の違いから両者は明瞭に区別できる。テンサンは，全国の山野に生息する他，その絹糸の希少性が着目され30を超える府県で飼育されたこともあった。テンサンと同じヤママユガ科の別種のサクサンと交尾をして雑種が得られるが，その確率は200ペア分の数ペア程度である。

(2) 飼育上の留意点

サクサンは中国原産の絹糸昆虫で，テンサンと近縁である。両者の幼虫の体色や体形などは非常に類似している。テンサンとウスタビガとはいずれも蛹休眠をする点では同じである。しかしウスタビガ（4.5）は休眠日数がテンサンよりも長い。ウスタビガは，幼虫期間，日長の差により1化性と2化性に分かれる[1]。テンサンを飼育するうえで次のような注意点があるので羅列してみよう。テンサン種の管理，クヌギ畑の管理，飼育方法，微粒子病の防除，テンサン核多核体病ウイルスの防除などに心掛け，テンサンの繊維製品の感性評価な

Column ◆◆◆ テンサンの微粒子病検査 ◆◆◆

カイコや野蚕を大量に飼育するようになると微粒子病が発生しやすくなる。フランスなどでは過去にカイコに本病がまん延し，蚕糸業は壊滅状態に陥った。一旦微粒子病が発生すると，経口感染によって広がり，母体伝染によって次代のカイコやテンサンにまで甚大な被害をおよぼすため母蛾検査は避けて通れない。カイコの卵やテンサン卵を採種している現地では，産卵の終了した雌蛾を乾燥保存し，磨砕して顕微鏡で検査をし，無毒母蛾の卵を飼育するように努めている。

どをしながら素材開発をすることが望ましい[2]。

⑶　微粒子病の検査

　テンサンの飼育に先立って，卵が微粒子病に侵されていないか微粒子病検査を行うことが不可欠である。微粒子病は母蛾から卵へと伝染（経卵伝染）するため，カイコや野蚕には極めて怖い蚕病である。検査法には集団検査と，研究室レベルで行う1蛾別検査がある。被検の野蚕蛾に0.5%炭酸カリウムまたは2%水酸化カリウム水溶液4mLを加えて母蛾磨砕機（図3.1）で細かく砕く。摩粉液を600倍の位相差顕微鏡で観察して微胞子虫胞子の有無を確認する。小さく楕円形の胞子の微妙な形の差異で微粒子病の病原性が異なるので，微粒子病の判定に微妙な形の差を見分けるための豊富な経験と技能をもつ鑑識眼を養うことが必要である。

⑷　学生実習によるテンサン飼育

　信州大学の繊維学部には，上田市郊外の東御市（とうみ）と上田キャンパス構内に農場があり，地域社会におけるフィールド科学拠点として実践的な教育と研究を行っている。東御市にある大室農場（おおむろ）では，テンサンを飼育し，営繭した繭を収穫する学生実習が行われる。クヌギ葉を食べて成長するテンサンを安定的に飼育するには，幼虫への感染性が極めて高い核多角体病ウイルスによる感染を防止するため火炎放射器で飼育樹・クヌギの土壌をバーナー消毒する（4月中旬）。

図3.1　テンサンの微粒子病検査

2齢幼虫をクヌギ樹に放す（放飼）時期は，5月下旬から6月中旬である。営繭が開始するのは7月上旬から中旬，収繭は7月中旬ころである。蛾の微粒子病検査は翌年の1月上旬から下旬にかけて行う（佐藤俊一，私信）。テンサン飼育に関する一般向けの技術資料が大室農場（長野県東御市 和 6788）に備えてあるので，ご要望があればお問い合わせいただきたい。

(5)　天敵回避のためのネット被覆

　テンサン飼育には，飼料樹のクヌギ樹などをネットで広範囲に被覆し天敵の被害を避ける必要がある。天敵はムクドリやモズなどの鳥類や，クモ，アリ，蜂などの小動物などである。天敵による被害防止のためにはネット被覆が有効である。神奈川県蚕業センターに勤務した共著者は，ネット被覆による天蚕飼育の現場［神奈川県相模原市（旧，津久井郡城山町・津久井町・藤野町）］を毎年かなりの回数訪れた。津久井郡での被覆ネットが図3.2-1である。繊維学部の大室農場でもテンサン飼育を行っていることを先に説明したが，大室農場にある数棟のネット被覆ハウスが図3.2-2である。ハウスのネットの網目を通してハウス内で学生たちが実習するようすを窺うことができる。

(6)　テンサンの逃避行癖

　テンサン飼育では，天敵による食害被害を防ぐためにネット被覆は効果的である。ところが，パイプハウス内のテンサンの飼育を長年観察しながら，幼虫がハウスから逃げ出すという不可思議な挙動をしばしば目にしたことがある。

図3.2-1　ネット被覆したテンサン
　　　　　飼育用のクヌギ樹

図3.2-2　ネット被覆内でのテンサン
　　　　　飼育実習

クヌギなどの飼育樹が次第に成長しネットに届くと，この枝先にいたテンサンがパイプハウスのネットから外へ脱出する場面に出会ったのである。通常，テンサンは枝先から枝元に戻り，ネット内で平安に生息できるはずである。ところが，テンサンは網目から頭部だけ外へ出すことができると，悪戦苦闘しながらも胸部や腹部を上手に縮めて，網目をすり抜けてネット外に脱出してしまう。天敵による被害がないパイプハウスは，安全なはずなのに実に不思議な光景である。逃げ出したテンサンは，その後どうなったかは不明である。ネット外にはムクドリなどの野鳥や蜂が，ときにはカマキリなどにより食害を受ける危険性がかなり高いはずである。あえてパイプハウスのネット網目から外に出て，天敵の餌食になってしまったのだろうか。絹糸昆虫を愛する著者らは，ネット外に脱出したテンサンは自然に生える植樹にたどり着き，半穏に成育して生命を次世代につなげられたものと期待したい。

　テンサンの脚の把持力は強く，サクサンに比べて移動性が大きい。テンサンは水分の要求度が高く水をよく飲む。幼虫期は水分率の高い柔らかい葉を求めて食べるが，それでも飼料葉の水分率は低いため，水そのものを求めることが知られている。昆虫の飼育箱を利用し，クヌギの細枝を大きなガラス瓶に水挿し，4齢4日目のテンサンを飼育したことがある。日々，テンサンの成長するようすを見るのが楽しみであった。翌朝，飼育箱を探してもテンサンの数が足りない。外に脱出することは考えられず，不思議に思ってよく観察すると，水を入れた容器の中でテンサンが水中で溺れているのを発見した。移動性が大きいテンサンは，飼育樹の根元へ移動しながら水を求め，ついには水没してし

国内に生息あるいは輸入種による繊維用の野蚕

まったようだ。

　テンサンが水に溺れて死亡するとの教訓を得てからは，飼育箱を用いて水挿しでテンサン飼育をするには，水を満たした容器と飼育樹の根元付近には，ぬらした脱脂綿でしっかりと栓をし，葉には散水をしてテンサンが水飲み場に近づかないように注意することにした。

　根拠のない想像であるが，テンサンがネットの網目をすり抜けた理由について考えられる仮説をたててみよう。

① 　テンサンは移動性の昆虫であるため，飼育樹の小枝の先端へと移動してすり抜ける習性があるのかもしれない。

② 　テンサンはネット被覆のハウスであっても，25℃〜30℃の飼育に適した温度と微風を求めてネット外に脱出した。

③ 　自然に生きるテンサンは，ネットの網に囲まれて飼育されることを本能的に嫌うのではないか。

④ 　偶然，移動した枝先で網目をすり抜けたのではないか。テンサンは警戒心が強く，物音に敏感である。このような習性からテンサンはネットが障害物とみて，とっさの行動に出たのではないだろうか。

⑤ 　光の透過量や通風が可能な飼育環境を好むテンサンは，防鳥網内の光透過性や通風が十分ではないと感じて，自然状態の光や通風を求めて逃避行したのかもしれない。

⑥ 　テンサンは，仲間との「密」状態を嫌い，徒党を組まない。仲間が近づくと噛みつくことがあるので，ネットの網目から外に出たテンサンは仲

間との戦いに敗れて1頭で逃げ延びたのではないか。

　どの仮説も証明する術はないので，確証を得ることができない。それにしてもパイプハウスのネット内がよっぽど安全なのに，ネット被覆の網目をすり抜けて脱出したテンサンはなぜ，外界に脱出したのであろうか。気になってしかたがない。

(7)　テンサンの卵

　テンサン卵のおよその大きさは，2.8mm（長さ），2.6mm（幅），1.8mm（厚さ）で，重さは約8mgである[3]。卵殻から幼虫が卵外に出る孵化の割合（孵化率）は80〜90％で，サクサン卵の孵化の割合より低い。テンサン蛾1ペア当たりの産卵数は150〜250粒ほどである。野外の昆虫は通常，交尾が済まないと産卵しない性質がある。ところがテンサンは未交尾蛾でも多くの卵を産む性質があるので，採種卵の中に未授精卵がたくさん混在してしまう。一方，サクサンは羽化当夜から交尾をし，不受精卵の数は少ない。

(8)　テンサンの孵化

　クヌギの葉などを食べて成長するテンサンは，孵化してから50〜60日（屋外）で熟蚕となる。孵化直後の体重は5mg程度であるが，5齢最大時には17〜20gほどになる[3]。テンサン幼虫の頭部は2齢までは茶褐色で，3齢期になると茶褐色に緑の色が次第に入り，4〜5齢期は緑色になる。図3.3は平成4年9月に撮影した営繭前のテンサンである。

⑼　テンサンの特徴

　テンサン幼虫は大変に神経質であり，おまけに警戒心が強いので，サクサン幼虫とは違って注意深く飼育する必要がある。他の個体が近づくと噛みついたり，移動性が大きいためよく動き回り，サクサンより飼育し難い[3]。テンサン幼虫は群がることを嫌い，他の個体が近づくと噛みつくことがあり，少々獰猛な行動を見せる。脚（腹脚と尾脚）の把握力が大変強いため，クヌギの小枝からテンサン幼虫を無理に取り外そうとすると，昆虫の脚が小枝を強くつかんでいるので幼虫から脚がちぎれてしまうほどである。テンサンが移動する行動範囲は広い[3]。幼虫は好んで水を飲み，4〜5齢の発育齢期で多少の差はあるが，5齢期の最大時には，平均して1回当たりの飲水量が1.2 mLほどである[3]。

　食害植物を摂取しながら成長したテンサンが図3.4-1である。熟蚕期に入るとテンサン幼虫の体は次第に丸みを帯び，頭胸部を背中側にもち上げるようにして反らす行動が見られる（図3.4-2）。

⑽　テンサン繭の特性

　カイコは熟蚕期になると頭胸部と腹部の一部をしきりに振り動かすようにな

図3.3　営繭直前のテンサン

図3.4-1　テンサン（5齢）

図3.4-2　テンサン（営繭間近）

り，体が透けてきて飴色になるので熟蚕になったことがわかるが，テンサンなどの野蚕幼虫は体色変化が不鮮明であるため，見慣れないと熟蚕期に近づいたことを見逃してしまう。食樹の枝の下側にぶら下がる姿勢のまま吐糸の準備に入る。吐糸後，半日ほど経過するとテンサンは食樹の葉を綴りながら繭糸を吐きはじめる。通常，テンサンは，クヌギの葉2〜3枚を綴って繭をつくる。緑色の薄い繭の中で吐糸をする幼虫を観察するため，クヌギの葉を剥がして撮影したものが図3.5-1である。クヌギ葉から採取したエメラルドグリーン色の多量のテンサン繭を収繭して竹製の笊に入れる作業は，学生実習での楽しみの光景である（図3.5-2）。テンサン繭（図3.6左）から取り除いた真綿状の毛羽が図3.6右である。テンサンの生存率と収繭率はカイコと比べると低く，飼育が容易でないため，テンサン絹糸はおよそ30〜50万円/kgの高価格で取引される。このようにテンサン絹糸は，希少価値が高いので，繊維のダイヤモンドと呼ばれている。

　テンサン繭層の繭糸は解離（ほぐれ状態）が悪いため製糸作業は困難である。テンサン繭（図3.7左）を加熱したアルカリ水溶液で煮ることで得られる真綿を紡績すると嵩高い紡績糸ができる（図3.7右）。運搬しやすいように何本か並

図3.5-1　テンサン繭（営繭初期）

図3.5-2　収穫したテンサン繭

図3.6　テンサン繭（左）と毛羽（右）

図3.7　テンサンの出殻繭（左）と
　　　　紡績糸（右）

べて束ねてつくったテンサン糸の「括」（かつ）が図3.8-1である。テンサン絹糸に光が入射すると鏡面反射のようにキラッと輝くような光沢が発生する（図3.8-2）。絹糸に光が当たることで生ずる光沢は，日本女性には好まれないが，タイ国の女性には人気がある。絹糸が発する光を好むかどうかが国によっても異なるようである。

　繭殻を繰糸して繭糸となる割合（糸歩）（いとぶ）を見てみよう。テンサン繭1,000粒からは約350 gほどの繭糸が取れ，繭糸に付着するセリシンなどを除くために精練すると約200 gの絹糸が得られることになる[1]。テンサン繭を繰糸してから製造した繭糸と，繭糸を精練してつくったテンサンの真綿が図3.9下である。

⑾　テンサン繭糸の観察

　テンサン繭糸の走査型電子顕微鏡（SEM）の写真（図3.10-1）を見てみよう。繭糸表面には結晶性のシュウ酸カルシウムが付着し，その形は，正方形から立方体で大きさが$2 \sim 3\,\mu m$ほどの結晶物である（図3.10-1）。こうした立方体

図3.8-1　テンサン絹糸の括

図3.8-2　テンサン絹糸の括の拡大写真

図3.9　テンサンの真綿と絹糸

の付着物は，ヤママユガ科の野蚕繭糸には共通して見られる。テンサン繭糸の断面の写真（図3.10-2）を見てみよう。繭糸断面は細長い楕円形で短軸と長軸の長さは，それぞれ14〜16μm，26〜34μmほどである。カイコの繭糸の断面がおむすび型〜三角断面であるのとは対照的である。

　カイコ絹糸と野蚕のサクサンやテンサン絹糸とを混紡して製造できる複合絹織物は，縫目の滑脱抵抗が改善でき糸の滑りが抑えられる。野蚕絹糸は，カイコの絹繊維製品に比べて嵩張りの程度とふくらみ度合（バルキー性），そして手触り時の風合い感も良いため，実用性を備えた絹繊維製品として愛好されている。

⑿　加害動物

　テンサンやサクサンなどの野蚕を食害する天敵は，アリ，ハチ，ハエ，カマキリ，クモなどの虫類，ムクドリ，モズなどの鳥類，あるいはネズミ，イタチなどの哺乳類である。テンサンを野外飼育するには，天敵により被害を避けるため，食樹のクヌギ樹などをネット被覆（図3.2-1）することが有効である[4]。

⒀　安曇野でのテンサン飼育

　長野県・安曇野（現在：安曇野市穂高有明）では，天明年間（1781〜1789年）からテンサンの飼育がはじまった。最盛期の明治20年代から30年代はじめの明治27年から明治31年頃には年間約800万粒の繭が取れた。現在，テンサンの飼育と絹糸を工芸品に利用するための活動が進められている。テンサン繭から繰

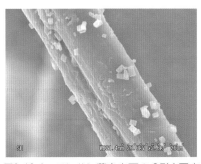 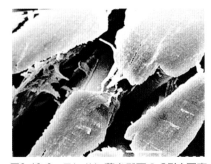

図3.10-1　テンサン繭糸表面のSEM写真　　図3.10-2　テンサン繭糸断面のSEM写真

糸したエメラルドグリーン色を呈する絹糸は，すでに述べたように「繊維のダイヤモンド」と呼ばれるほど貴重である。最近テンサン繭を繰糸した報告によると，繭糸のエメラルドの色がくすむ現象が見られ，繭糸の繊維径が細くなる割合が増えているとのことである。この原因は，テンサン幼虫にウイルス被害が発生することに関係しているらしい。理由は不明であるが，土壌の「核多体ウイルス」がクヌギ樹に付着し，そのクヌギ葉をテンサンが食べたことによる被害であるとされている。

⑭ 安曇野におけるテンサン飼育と課題

安曇野でテンサン飼育が伝統的に行われていることは先に述べたが，テンサン飼育を担う後継者不足は深刻な課題である。従事者のほとんどが70〜80歳の高齢者であるため，行政の支援が今後もいっそう重要であり，飼育関係者と行政が一緒になって前向きに取り組む必要があるだろう[5]。

エメラルドグリーン繭により町おこしをしようとの取り組みが安曇野で行われているが，テンサン絹糸の用途拡大をさらに図ることが解決すべき課題である[6]。飼育管理面では，テンサン交配を適正化することで，エメラルドグリーン色の繭が生産できるよう工夫する必要がある[7]。前年度比で3倍以上ものテンサン繭が収穫できるように期待されている。テンサン本来の形質は遺伝的であるが，突然変異手段によって品種改良をするための取り組みがはじまっている。テンサン幼虫からエメラルドグリーン色の繭が取れるよう，蛾を5年かけて選別したり，交配することにより安定した繭生産を可能とする活動が活発に

Column 江戸時代のテンサン飼育書

江戸時代に出版された書に北澤始芳の「山繭養法秘傳抄」がある。この書に記述されている基本的なテンサンの飼育は，現在でも行われているので，現代に通じる蚕書といえる。ところでこの書を読んで興味をひかれることは，テンサン糸を使って外国の毛織物「呉絽服連」を製織する方法が書かれていることである。江戸時代に外国の毛織物の類似品をテンサン糸で織ることはむずかしいと考えるが，この時代の外国製品はいかに貴重であったかがこの記述から伝わってくる。

なっている。こうした取り組みにより，少し青みがかった長径5.4cmぐらいの大型サイズのエメラルドグリーン繭を生産することに成功した。テンサン繭の希少性をアピールすることで，特殊な色合いを活かしたテンサン絹糸の用途をさらに広げようとの努力が続けられている。

⑮　テンサン繭の繰糸

　神奈川県蚕業センター（研究機関の改廃にともない1995年3月廃止し，同年4月から蚕糸検査場）や同県の飼育農家で行われていたテンサン繭の繰糸について紹介しよう。蚕業センターでは，収繭したテンサン繭を糸繰りして繭糸をつくるには，テンサン繭用の座繰機を使用する代わりに，繭検定検査で使用されなくなった旧式の繰糸機を用いていた。一方，テンサン飼育農家（旧津久井郡：現神奈川県相模原市）では，農家の仲間が集まり，蚕業センターが開発した簡易テンサン繭繰糸機を用いて繰糸を行った。図3.11は農家（旧，津久井郡藤野町）が行っていた繰糸風景である。1人の女性が簡易繰糸機で生糸を繰る作業を行い，脇の女性は煮繭から糸口を見つけて繰糸作業の従事者に渡す介助をしている。繰糸能率を向上させるための最適な繰糸条件を見てみよう。座繰機に好ましい繰糸湯温度は約90℃，巻き取り速度は比較的に緩慢な30〜50m/分が望ましい。テンサン繭からの繰糸作業では繭から繭糸のほぐれ方が非常に悪いので，繰糸中に繭糸が切断しやすく，均一な太さの繭糸を繰るには熟練した技能が要求される。

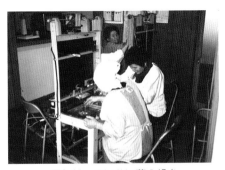

図3.11　テンサン繭の繰糸

⒃ テンサンによる地域おこし

　バブル経済の崩壊は，1990年代初頭に起こった。崩壊前は，国内では浮き足立った状態であった。テンサン絹糸は希少価値が高く評価され，生糸1kgで100～120万円，カイコの生糸価格の50～60倍の価格で取引され，蚕糸業に明るい兆しが見え出した。

　全国の蚕糸関係者は，テンサン絹糸の価格暴騰を見逃すことはなかった。養蚕農家の経営を向上させるため，昭和末期から全国各地でテンサン飼育をはじめた。長野県1県で主に飼育されていたテンサンであったが，昭和62年には23府県，平成3年には31府県で飼育されるようになった。テンサン繭やテンサン絹糸が各府県で増産されるようになると絹糸生産量が過剰気味になり，販売先がなくなり，行き詰まった状態に陥った。地域おこしとして取り組みをはじめた都府県は身動きできず撤退を余儀なくさせられた。神奈川県は，一度は全国第2位のテンサン繭生産県にまで上り詰めたが，この絹糸の販売に苦しめられ，平成10年には，ついにテンサン飼育から撤退してしまった。共著者が神奈川県を退職する1～2年前まで，テンサン事業は苦しみながらも，やりがいのある業務であった。しかし，退職間際にはテンサン絹糸による神奈川県の地域おこしは中止され，共著者にはなんとも後味の悪い苦い思い出となってしまった。

  日本の近代化と蚕糸業 ◆◆◆

　わが国は1859年，外国との交流を行うために開港し，輸出をはじめると，その輸出品は生糸とわずかなお茶や乾物などであった。この当時，大蚕糸国のフランスなどでは微粒子病がまん延し生糸の生産は大きく減産し，生糸輸出国であった清国（現在の中国）はアロー戦争などで上海貿易を停止していた。このため，わが国は幸運な生糸輸出国となり，産業をはじめ文化面など，すべての面で遅れをとっていたので，欧米に追いつけ追い越せと富国強兵，殖産興業に力を入れ生糸輸出に傾注したが，これを下支えしたのは女性であった。

⒄　テンサンとサクサンの見分け方

　テンサンとサクサンはいずれも鱗翅目，カイコガ上科，ヤママユガ科（*Saturniidae*）に属する野蚕であるが，繭の色は明らかに違うので他の野蚕とは簡単に判別ができる。しかし，幼虫は両方とも姿と形が良く似ているので見慣れないと判別は容易ではない。

　シルク博物館の来訪者案内をした共著者は，ある日，1人の来客者が訪問して，野蚕幼虫の正しい分類法の質問を受けた。通常はシルク博物館で飼育するテンサンを見せて生態を説明していたが，サクサン飼育は行っていなかった。そのため，来訪した質問者にはテンサンとサクサンの実物を見せながら説明することができなかった。博物館の昆虫図鑑を見せながら説明をした。来訪者は，どこまで野蚕の幼虫間の違いや野蚕飼育の実体を理解してくれたか不安が残った。

　専門的な領域になるが，多数の野蚕の飼育に慣れ多くの幼虫を見慣れると，テンサンとサクサン幼虫の品種間の違いは微妙な「頭部の色」の違いで判別できるようになる。

　サクサンの頭部の色は全齢（1〜5齢）を通して褐色，テンサン頭部は1〜2齢が褐色，3〜5齢は青緑色となることが両者を同定する決め手となる。テンサンは年1回発生し卵で冬越しするのに対し，サクサンは年2回発生し，蛹で越冬するので化性の違いは明瞭である。

　自然条件下でのテンサンは，4月下旬から5月上旬に孵化する。孵化直後の幼虫は黄色であるが次第に緑色に変化する。幼虫の側面には小さな黒斑があ

り，成長とともに腹部背中の剛毛が目立つ。テンサンの胴部側面の気門上線に2〜6対の輝点がある。この第4から第8節の気門上線に見られる小さな輝点を見逃してはいけない。特に第5から第6節の気門上線には，やや大きめの三角形の輝点（銀点）がテンサンであることの決め手となる。先に述べたように1〜2齢期のテンサン幼虫の頭部は茶色であるが，3齢期以降には緑色となる[3]ことを覚えていてほしい。

⒅　幻のテンサン雌雄同体蛾

　神奈川県農業総合研究所蚕糸検査場（海老名市中新田，1998年3月廃止）は，テンサン繭の繰糸試験のためにテンサン飼育を行っていた。平成8年10月に収繭した繭1,000粒ほどを繰糸試験に用い，残りの100粒ほどの繭は次年度用の卵を採るため出蛾時期を待っていた。それは忘れもしない11月7日のことであった。共著者がいつものように出勤し，テンサン繭を保護する部屋に入った。蛾が羽化しはじめたので採種準備に取りかかろうとしたそのときのことである。十数匹発蛾した中に左右の翅色が違う美しい1匹の蛾（図3.12-1）を見つけたのである。日ごろ雄や雌のテンサン蛾の翅色は見慣れており，雌雄別々に固有の翅色をもっているわけではないため，翅色で雌雄を判別することはできない。野蚕蛾の雌雄鑑別は触角の形の違いで行っている。雄の触角は大きな櫛歯状を，雌は細い貧弱な羽状をしている。今回出会った美しい蛾の左右の触角を見ると，明らか雄と雌に分かれており，雌雄同体であることが一目瞭然にわかった。翅色も違っているので実に美しい蛾であった（図3.12-1）。初めてこ

図3.12-1　テンサンの雌雄同体蛾

図3.12-2　テンサン蛾（上が雄，下が雌）

の特異的な蛾を見た瞬間に「ワー，雌雄同体蛾だ！」と思わず大声で叫んだの を今でも鮮明に覚えている。これが普段見ることのできない貴重な「幻の蛾」 との出会いであった。非常にビックリしたあの光景は，今でもはっきりと脳裏 に残っている。テンサンの雌雄同体蛾（図3.12-1）は，右半分がオス，左半分 がメスで，右側の触角は雄蛾に特異的な太い櫛歯状，左触角は細い羽状をした メス特有の形をしている。左右の翅の色が明らかに違うのである。右側は橙黄 色，左は黄色であり，見た目ではっきり識別できた。雌雄同体蛾は，カラスア ゲハ，ミヤマシジミ，ナガサキアゲハなどにも稀に見られ，同様にカイコの蛾 にも時々見られる。ところで，30数年蚕糸業に携わってきた共著者が，テンサ ンの雌雄同体蛾に出会ったのは初めてのことであった。報道機関[5,6]は，この 蛾の話を耳にすると，早速取材に動き出した。地元の神奈川新聞社をはじめ， 朝日，読売，産経，毎日など各社は取材を行い，幻の蛾を大きく報道した。神 奈川新聞は一面にカラー写真入りで報道するという特ダネ扱いとなった。朝日 新聞（1996年12月4日）は，「県蚕糸検査場で雌雄同体を発見」との見出しで 大きな記事を報道した（図3.13）。前述したように雌雄同体蛾は極めて希な現 象であるので，出会ったことのある人は非常に少ない。共著者は神奈川県農業 総合研究所蚕糸検査場で，このような特異的な蛾の写真を撮影できたことに喜 びを感じている。昆虫写真を長く撮り続けてきたことが，この一瞬にして報わ れ写真愛好家人生の喜びを味わった瞬間であった。

図3.13　テンサンの雌雄同体蛾を報ずる朝日新聞記事

⒆　雌雄同体の生物学的な意味づけ

　雌雄同体蛾は，生物学的には蛾の体表面の特徴からわかるもので，同一の個体に雌雄両性の形質が見られる。これは半身性モザイク（ジナンドロモルフ）あるいは雌雄モザイクと呼ばれるが，蛾の表面の形態差は体内にまではおよばないようだ。半身性モザイクが生ずる原因は，精巣の中に卵ができたり，蛾の体表の左右で精巣精巣，卵巣卵巣，卵巣精巣となったためであろうとされる[7]。卵の発生の初期に，卵の中で減数分裂が起こる際，卵核と精核の受精以外に，極体が残り，精子の核と受精すると，複数の受精核ができてそれぞれが分裂して増え，雌雄の細胞が混在するために生ずる現象である。

　共著者は，蚕糸関係の蚕業試験場，蚕業指導所，繭検定を行う蚕糸検査場をはじめ，一般行政関係では地区行政センターの農林水産関係の部署に勤務した。行政関係の職場では，多くの農林水産関係者と交流することができた。難関極まりない仕事に対しても前向きに取り組むことができたのは，カメラで絹糸昆虫などを撮影する趣味のおかげであったかもしれない。

　雌雄同体は，昆虫をはじめ，鳥や爬虫類，甲殻類，節足動物などにも現れる現象であるようだ。カイコでは1,000頭に1頭位の割合で起こるとされる。多種類の野蚕を飼育研究する信州大学繊維学部の梶浦善太は雌雄同体のテンサン蛾をすでに見つけた経験をおもちである。ちなみに，カイコの中には，雌雄同体の現象が遺伝的に起こりやすいカイコの品種があるようだ[7]。

　ぐんま昆虫の森には次のような情報がある。高崎在住の沖本憲吾からの報告があり，調べたところ，カブトムシの雌雄モザイク個体であることが確認され

た[8]。昆虫の雌雄モザイクは極稀ではあるが，運が良ければ身近でも見つかる可能性はある。

⑳　テンサンの翅色の多様性

　テンサン卵は，前幼虫（潜幼虫）で越冬する。テンサン蛾の体長は，3.7～4.5 cm　翅開長は12～15 cm である。翅の模様は，前後左右の4翅それぞれに淡黒色の横縞と透明な眼状斑紋（環状紋ともいう）がある。翅色は，黄色から黒褐色までいろいろあり，橙黄色が比較的多い[9,10]。このように異なった翅色の蛾が多いようであり，テンサン蛾の翅色は，個体によって大きく違うことが，この昆虫の特徴の一つである。ここでは，テンサン蛾にはどんな翅色があるのかについて紹介しよう。

㉑　テンサンの多様な翅色

　数多くのテンサンを飼育しながら記録写真を撮影し続けた共著者は，改めて蛾翅の色に多様性があることを実感している。図3.14から図3.19に，それぞれ異なる翅色のテンサン蛾を掲載することにした。翅色はここに掲載しただけではない。いろいろな翅色の蛾を拾い出してみたが，これら翅色の混合したような中間色の蛾もかなり多くみられる。

　櫛歯状の大きな触角をもつ雄蛾が図3.14である。この蛾は前翅と後翅の色は淡い橙黄色で，前翅には赤～黄褐色の曲線（外縁線，亜外縁線）があり，この曲線は後翅にも見られる。外縁線がこれほどはっきり見える蛾は少ないので，

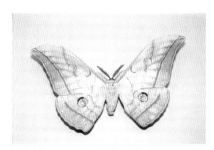

図3.14　テンサン雄蛾（淡い橙黄色の翅）

この写真は貴重な1枚である。淡い橙黄色の翅をもつこの蛾は，前翅と後翅には，テンサン蛾特有の一対の薄橙色の目玉模様の環状紋がある。後翅の環状紋はくっきりと明瞭に見え，テンサン蛾の中では比較的多く見られる翅色である。

翅が橙黄色で櫛歯状のしっかりした羽状の触角をもつ雄蛾の写真が図3.15である。前翅から後翅に続く濃い赤茶褐色の細い帯状の亜外縁線がはっきり見える。前翅，後翅には一対の大きな薄茶色で明瞭な環状紋がある。テンサン蛾の中では比較的多く見られる翅色である。

図3.16は翅が黄色の雄蛾の写真である。前翅から後翅に続く濃茶褐色の帯状の亜外縁線が色濃く見える。前翅，後翅には一対のテンサン特有の大きな薄黄〜褐色の環状紋があり，後翅の環状紋は明瞭に見える。前翅から後翅に続く濃赤茶色の細い帯状の亜外縁線が明瞭である。テンサン蛾の中では比較的多く見られる翅色である。

翅が黒褐色の雄蛾の写真が図3.17である。見なれない人にはテンサン蛾とは思わないかもしれない。一見すると夜間に飛び回る別種の蛾の類のような印象

図3.15　テンサン雄蛾（橙黄色の翅）

図3.16　テンサン雄蛾（黄色の翅）

図3.17　テンサン雄蛾（黒褐色の翅）

を受けるかもしれない。前肢の帯状の亜外縁線と翅の中央ぐらいのところを走る外横線がはっきり見える。

　黄赤色の雌蛾を見てみよう（図3.18）。テンサンを代表する美しい蛾といっても過言ではない。昆虫図鑑などによく掲載される翅色のテンサン蛾でもある。前翅，後翅の外横線から外縁に向かって赤色の帯状模様が広がっており，蛾の美しさを際立てている。他の写真の蛾と同様に前翅，後翅にはテンサン蛾特有の環状紋がある。

　翅が黄褐色の雌蛾が図3.19であり，亜外縁線がよく確認できる。テンサン特有の環状紋が見られ，どちらかというと，地味な感じのする蛾であるが，よく見かける翅色である。

　こうしてみると，テンサン蛾の翅色には多様性のあることが確かに見て取れる。このように蛾の翅色はいろいろあるが，これらのうち比較的多い色は橙黄色である。テンサン蛾の翅色は雌雄とは無関係である。また個体間でも非常に異なっていることは，前述の説明からも理解されるであろう。テンサン蛾の翅色の微妙な違いがわかり難く，テンサンなのかあるいは他の野蚕の蛾なのか間違えてしまいそうである。

　生物学とは少し離れた分野からの見方かもしれないが，テンサン蛾の個体間で翅色がこのように微妙に変わることには何らかの生物学的な意味があるのではないだろうか。

　共著者は長年テンサン飼育を行っており，テンサンの幼虫や蛾を見慣れるようになる前は，秋に2〜3匹の成虫に出会う程度であり，成虫と接する機会は

図3.18　テンサン雌蛾（黄赤色の翅）

図3.19　テンサン雌蛾（黄褐色の翅）

非常に少なかった。ところが，テンサンを飼育し，営繭した繭から採種する作業に従事することになるといろいろと驚くことが多くなった。採種作業に慣れると，テンサンの卵・幼虫・繭を一目見るだけでテンサンを同定できる知識を身につけることができ，蛾の翅色が黄色あるいは橙黄色や暗褐色などいろいろあることを敏感に理解できるようになった。

　他の絹糸昆虫の蛾でも，このように翅色の色調が異なる例は知られている。ヒメヤママユ蛾（4.6）の翅色は主にオリーブ褐色であるが，褐色味の強い個体から黄色味の強い個体まである。同様に，タサールサン蛾の翅色は黄色から褐色まであり，個体によっては濃淡が多く見られる。これらの昆虫の翅色変化に比べると，テンサン蛾の翅色変化には多様性が見られる。

⑵　テンサン翅色が多様である仮説

　「なぜ，テンサン蛾の翅色は，このように多彩なのか？」という一見単純に見える疑問に対しては，学術的な解釈はされていない。関連学会でもこの疑問に対する統一的な見解は明らかにされていない。テンサン蛾が多種多様な翅色をもつことについては，何らかの遺伝的な理由があるかもしれないが，それも明確になっていない。昆虫の翅色を専門とする生物学者の考え方をお聞きしたいものである。

　日本原産のテンサンは，北は青森県から南は沖縄県まで広範に分布し，突然変異を起こした個体が各地に広がったのではないかと勝手に想像しているが，突然変異が起きた時期を特定する必要はあるだろう。テンサンの翅色は橙黄色

が比較的多いことは，これまで採種作業に携わって感じたことである。しかし，昆虫進化の歴史の中でテンサンが地球上に誕生したとき，成虫の翅色を支配する鱗毛のDNAは，「黄色」一色であったのではないかと推測している。鱗毛のDNAは，大きな環境変化や強い紫外線などの影響を受けて，歴史的な時間経過の中で突然変異が起こり「赤色味の強い鱗毛」の蛾が出現し，それが各地へ広まったと考えることは可能であるかもしれない。「赤色味の強い鱗毛」のDNAは，さらに突然変異を起こし「褐色の鱗毛」DNAの蛾を生んだとするのは著者らの妄想であろうか。妄想的な発想で，しかも科学的な根拠には少々欠けるが，かといって否定する根拠もない。テンサンは赤色味の強い色・黄色・褐色の蛾が共存するようになり，テンサン種間の交配により現在見られる多彩な翅色の蛾が出現したと考えてはいるが，なかなか答えの出にくい問題である。

こうした推論はあくまでも仮定の域を出ないし，この仮定が正しいかどうかの学術的な裏付けもない。この考えを裏付ける実験結果があれば，お教えいただきたい。関連資料や証拠を集める必要はあるので，多くの生物学者によってこの課題を追究してほしい。テンサンの採種作業をはじめた共著者にも，こうした問題は不思議に思えて仕方なかった。遺伝的な研究解析をすることによって将来的には解明できるのではないだろうか。上記のとおり，テンサンの翅色は遺伝的，内分泌的特性などと関連しているので，近い将来，遺伝的な研究解析を通して合理的な科学面からの解明がなされることを大いに期待したい。

 **カイコの人工飼料** ◆◆◆

大陸からの寒気が日本上空に来襲し，放射冷却により異常な低温となるのが凍桑害である。桑樹から採取した桑葉でカイコの飼育ができる時期は，通常，5月から9月ごろである。その頃に凍桑害が起ると春に飼うカイコの掃立(はきたて)をする養蚕農家に大打撃をおよぼす。気象条件に支配されることなく，必要な時に必要なだけカイコを飼育するために開発されたものが人工飼料である。カイコを人工飼料で飼育し，営繭させて，繭殻から羽化した雌蛾が産卵をして次世代をつくるまで

⒀　テンサン用の人工飼料

　カイコを飼育するためには桑葉が必要であるが，桑葉が得られない時期には
カイコを飼育できない。年間を通して必要なときに必要なだけ蚕飼いをしたい
との要望に応えるため，カイコの栄養学の研究を基にして開発されたのが，カ
イコの生育に必要な栄養などを混合してつくったテンサンのための人工飼料で
ある。テンサンを人工的に飼育するために初めて開発した人工飼料には，クヌ
ギ，ナラなどのブナ科の植物粉末が混入されていた[11]。このテンサン用の人工
飼料ができ上がるまでには苦労が多かった。市販されているクロレラ入りの人
工飼料でテンサンを飼育すると，幼虫の胸脚には高い割合で異常が発生してし
まう。そこで提案されたのは，テンサン用の人工飼料にクヌギ葉粉末を加える
方法であった。クヌギ葉粉末を使用した人工飼料でテンサンを飼育すると，不
脱皮蚕や成虫の翅に異常があるものが出現し，胸脚が奇形になるものも見られ
た。そこで，屋外飼育成績が良かったエゾノキヌヤナギ葉[12]を粉末化させて創
製した人工飼料でテンサンを飼育したところ，クロレラ入り人工飼料で飼育し
たものと比べて胸脚異常の発生率が低いことが明らかとなった[12,13]。エゾノキ
ヌヤナギ葉粉末を用いた人工飼料で生育したテンサン繭は，クヌギ葉粉末を使
用したテンサン繭よりも大きくなった。また，エゾノキヌヤナギ葉粉末を含む
人工飼料でヤママユガ科のウスタビガの飼育も可能である。

⒁　テンサンシルクの産業への応用

　野蚕繭糸の断面に多様な形態の孔（ボイド）が見られることは，3.3節でも

実証し初めて人工飼料の実用性が確認できる。カイコの人工飼料開発に成功した
のは，農林省蚕糸試験場の絶え間ない研究成果によるものである。カイコの稚蚕
用の人工飼料育が開発されたのは1977年のことである。現在は，１～２齢ないし
は１～３齢までのカイコは人工飼料育で飼育され，養蚕農家の蚕作安定に寄与し
ている。人工飼料の主要な成分は，乾燥・粉末化した桑葉，脱脂大豆粉末，ビタ
ミンC，βシトステロールなどである。カイコの人工飼料としては，必要なすべ
ての栄養素を含んだ羊羹状のレディメイドタイプの人工飼料の他，使用に先立ち
熱水処理してカイコに与える粉末タイプのものがある。野蚕用人工飼料も開発さ
れ，稚蚕飼育後野外に放育されている。

紹介するが，繭糸内には孔が連続したもの，あるいは単独の孔もあり形態はさまざまであるため，野蚕絹糸は空気の含有性が良い。野蚕絹糸には抗菌活性や紫外線吸収性があるとされ産業への展開が期待されている。

⑵⑸　テンサンシルクの薬用価値

　わが国で野蚕絹糸が衣料用に利用されるようになったのがいつの時代であったかは不明である。平安時代にテンサンシルクを非衣料分野で「漢方薬」として使用した記録がある。8世紀末から9世紀初期，中国から多くの医薬品が輸入されるようになり，日本人による医学書も書かれるようになった[14]。医薬品の乱入に対して，時の平城天皇（平安時代初期の天皇：在位：806〜809年）は，日本古来の治療法が失われることを憂慮し，中国からの薬品の輸入超過を避ける必要性があった。808（大同3）年，安倍真直・出雲広貞に勅命し，国内に古くから伝わる薬方を集めさせ，100巻からなる日本固有の「大同類衆方」を集成させることになった[14]。この中にテンサンの薬用的価値が記され，わが国でテンサンを医療分野に応用した最初の記録である。

⑵⑹　野蚕の休眠を打破する化合物

　カイコの卵やニワトリやサケの卵などでは，卵を人工的に孵化させようとする研究が確立されている。野蚕のテンサン卵を孵化させるための研究は開発途上であり，実用化された技術には至っていない。カイコ，エンマコオロギ，コオロギ，バッタ，ウリハムシモドキの卵に働きかける有効な休眠打破剤が開発されるようになった[15]。休眠代謝は昆虫に特有な現象であるが，その機構を解明することは容易ではない。

　産下後10日のテンサン卵は，休眠をはじめたばかりである。乾燥して2〜5日後，冷蔵した後，イミダゾール化合物（KK-42，KK-84，KK-86が最適）に接触させると95%以上のテンサン卵の休眠が打破される。イミダゾール化合物がどのようにして休眠に作用するかの機序が解明された[15]。昆虫卵の孵化には，休眠打破が必須であり，休眠打破ができる技術が開発されれば，実用化が可能となる休眠制御の技術が確立されるであろう[15]。

⑵⑺　野蚕由来の有用物質

　カイコは，最終齢期の3日目ぐらいから桑葉の摂食量が急激に増大する。桑葉に含まれるタンパク質や脂肪などを摂取して絹糸素材のシルクが生合成される。カイコが示す優れたタンパク質の合成能力を活用して産業分野への応用をはかるため，多量の組換えタンパク質を生産させようと遺伝子組換えカイコの作製技術の開発が進んでいる[16]。

　遺伝子組み換えをしたカイコを利用する研究成果の一端を紹介しよう。医薬関連ではガン治療のためモノクロナール抗体の研究が進展している。クラゲやサンゴに由来する蛍光色素タンパク質遺伝子をカイコに導入し，蛍光色を発する絹糸を衣服繊維素材に利用しようと試みられており実用化への可能性が期待されている。

　カイコの病原ウイルスである「バキュロウイルス」にタンパク質をつくらせるため遺伝子を導入し，それをカイコに感染させて増殖することで大量な有用タンパク質をつくる技術が確立された。カイコの代わりに野蚕を用いて有用タンパク質をつくり出す新しい産業の構築も魅力ある課題である。

　昆虫に由来する栄養機能素材や医薬品候補物質を研究開発することで創生できる新領域を開拓しようとする研究が進展している。テンサン（ヤママユ）の繭層から新規活性物質を探索し，ウスタビ繭層に由来するフィブロイン抽出物から新規生理活性物質の探索が進んだ[17,18]。ヤママユセリシンタンパク質から単離・精製した41 kDa 機能性タンパク質は，ショウジョウバエ胚小由来Schneider S2細胞とマウス脾臓リンパ細胞に対しては増殖活性がある[17]。このような結果から見て，野蚕セリシンを細胞増殖添加剤，食品分野や医療分野で応用しようとの試みに期待が寄せられている[17]。

参考文献

1) 塚田益裕，佐藤俊一，庄村茂，梶浦善太：ウスタビガ繭糸の形成および理化学特性，日本シルク学会誌，**20**，pp. 27-33（2012）
2) 塚田益裕：天蚕繭から繭糸をとる，加工技術，**52**(4)，pp. 53-55（2017）
3) 栗林茂治：生活史，天蚕（赤井弘・栗林茂治編著），サイエンスハウス，pp. 8-17（1990）
4) 坂本堅五：加害動物と防除，天蚕（赤井弘・栗林茂治編），サイエンスハウス，pp. 149-159（1990）

5) 朝日新聞記事：12月1日記事，2010年

6) 信濃毎日新聞記事：7月4日記事，2015年

7) 梶浦善太；私信

8) カブトムシの雌雄モザイク発見
   https://www.pref.gunma.jp/houdou/y47g_00025.html

9) 梶浦善太；蚕と野蚕の遺伝資源とそれらの応用，加工技術，**48**(10)，pp. 17-26（2013）

10) 栗林茂治；生活史，天蚕（赤井弘・栗林茂治編著），サイエンスハウス，pp. 8-17（1990）

11) 樋口芳吉；野蚕の人工飼料育の現状，蚕糸技術，**117**，pp. 20-25（1981）

12) 三田村敏正；天蚕の生活環制御による通年飼育法に関する研究，福島蚕試研報，**31**，pp. 1-32（1999）

13) Mitamura T.; Use of the willow, Salix pet–susu, as a source of leaf powder for the artficial diet for the japanese oak silkworm, Antheraea yamamai, Int. J.Wild Silkmoth & Silk, **4**, pp. 73-77（1999）

14) 小泉勝夫；新編　日本蚕糸・絹業史（下巻），オリピア印刷，pp. 222-228（2019）

15) 鈴木幸一；卵の人工孵化，天蚕（赤井弘・栗林茂治編著），サイエンスハウス，pp. 181-189（1990）

16) 遺伝子組換えカイコによるタンパク質生産技術
   https://www.ibl-japan.co.jp/business/silkworm/

17) 崔相元；野蚕繭からの新規生理活性物質の同定と機能解析，岩手大学大学院連合農学研究科　生物環境科学専攻（岩手大学），学位論文（2009）

18) 崔相元，鈴木幸一，瓜田章二；ウスタビガシルクパウダーからの抗カビ活性物質の探索，東北蚕糸・昆虫利用研究報告，**29**，p. 17（2004）

III

国内に生息あるいは輸入種による繊維用の野蚕

3.2 ヨナグニサン

(1) ヨナグニサンかヨナクニサンか？

　数多くの絹糸昆虫の幼虫，蛾，そして繭などについて紹介してきた。ここでは沖縄県与那国島，石垣島，西表島に生息する世界最大級の野蚕の一種で鱗翅目ヤママユガ科に属するヨナグニサンについて説明しようと，このように書きはじめようとしたがハタと迷ってしまった。この昆虫の呼称を「ヨナグニサン」とするのか，それとも「ヨナクニサン」とするのが良いかの戸惑いが生じたからである。呼称をどのようにするかは一見単純そうではあるが，いろいろな文献を見てもなかなか答えが見つからない。蚕糸・昆虫に関連する文献に準じて学術用語を決めることが良いのではあるが，正解を探すために文献検索をすると，余計に悩みが深まってしまう。手元にある参考資料や辞書類を基にして考えることにしよう。

① 「蚕糸学用語辞典」（日本蚕糸学会　蚕糸学用語辞典編纂委員会編集，1979年）には，ヨナクニサンの見出しがあり，Yonakuni silk moth，学名 *Attacus atlas* L.と記載されている。

② 「野外観察図鑑1　昆虫」の「ガのなかま」（旺文社発行，1985年）を探すと，「ヨナクニサン」と明記されている。

③ 「改訂蚕糸学入門」（日本蚕糸学会編）や「カイコの実験単」（日本蚕糸学会監修，2019年）ではヨナグニサンと記載されている。

④　沖縄にある「ヨナグニサンを守る会」[21] がおそらく国や沖縄県の助成金を得て実施した事業で全国の蚕糸関係機関などに届けられている「ヨナグニサン保護増殖検証事業報告書」には「ヨナグニサン」と記されている。

　あれこれ探したが「ヨナグニサン」なのか，それとも「ヨナクニサン」なのか統一した呼び名はないようだ。「与那国」での呼び名が統一されているか念のため調べてみることにした。郵便番号簿（2020年度版）には与那国町に「よなぐにちょう」とルビが付けられている。沖縄県の八重山諸島の西端にある与那国島は，沖縄本島から南西へ約509 km，石垣島から約127 km にあり，「帝国書院最新基本地図—世界・日本—」には，島の名称を「よなぐにじま」と明記している。広辞苑も同様に「よなぐにじま」と記載しており，「よなくにしま」ではない。与那国島と石垣島を結ぶ海運交通では，「フェリーよなくに」が正式名称として使われている。

　ヨナグニサンの呼び名は，上記のとおり表示の仕方が異なっており，より所となる文献によってもさまざまである。地元与那国での地名の名前でさえ，場合によって呼び名が異なるのである。拙著では学術上の理由は特にないが，最近，出版されている蚕糸文献がヨナグニサンと記述してあること，著者らもヨナグニサンと呼び慣れているので，呼び名は統一して「ヨナグニサン」と表示することにした。

⑵　ヨナグニサンの生活史

　沖縄県与那国島で最初に発見された世界最大級の蛾「ヨナグニサン」は，翅を広げた長さが25 cm 以上（最大で35.5 cm という記載もある）の巨大な絹糸昆虫である。

　このヨナグニサン（*Attacus atlas*）は，鱗翅目，カイコガ上科，ヤママユガ科に分類され，インドから東南アジア，中国南部，日本（沖縄）に分布する。東南アジアの熱帯，亜熱帯には，いくつもの亜種があることが知られている。ヨナグニサンは与那国の地方語でアヤミハビルと呼ばれ，「アヤミ」とは「模様のある」，「ハビ」とは「蝶」を意味する。この昆虫は年3～4回世代を繰り返し，幼虫は5回脱皮（5眠6齢）をして繭をつくる。幼虫の体色や身体の色は微妙に変化する。1齢は淡黄色で，終齢の6齢は黄緑色になる[21]。幼虫には長い肉質のトゲがあり，白いワックス状の粉が体表を覆う。6齢幼虫の体長は10 cm 内外ある。ヤナギ，ポプラ，イボタノキ，アカギやモクタチバナ，フカノキ，カンコノキ類，トベラ，ショウベンノキなどを食べて成育する（Wikipedia より）。

⑶　ヨナグニサンの繭

　インドネシアで採取したヨナグニサン繭層を精練して取り出した繭糸を手で紡いで紡績糸を製造したとの報告がある[20]。ヨナグニサン繭殻の最外層は，毛羽が付いており，微細繊維が密生し，内部の繭殻を包んでいる。外皮は，茶褐色から一部は黒褐色で多くの埃が付着している。外皮を含めた繭殻の重さと

外皮を除いた繭殻の重さは，それぞれ1.453 g，1.219 g ぐらいある。繭幅は26.0 mm〜26.4 mm，繭長は55.9 mm〜58.4 mm である。比較のためにカイコの繭の大きさを紹介してみよう。カイコの繭殻の重量（g），繭幅（mm），繭長（mm）は，それぞれ0.4〜0.5，20.7，37.8ぐらいである。外皮が付いたヨナグニサンの繭殻重量（g）はカイコの繭重量の約３倍，繭幅（mm）は約1.3倍，繭長（mm）は約1.5倍ある。このようにヨナグニサンの繭はカイコよりもかなり大きいことがおわかりであろう[20]。ヨナグニサンの繭層の中層部から取り出した１本の単繊維の繊度2.47（d），強度2.72（g/d），および伸度17.2（%）ほどである[20]。実用的に用いられるカイコの品種の繭糸繊度は3.0（d），強度2.8（g/d），伸度21.0（%）ほどである[20]。

⑷ 精練法

　ヨナグニサン繭糸には，他の野蚕繭糸と同様にタンニン酸が含まれ，タンニン酸の作用で繭糸表面を覆うセリシンが化学的に固定されて水に対して不溶化している。ヨナグニサン繭糸を精練するには，カイコの繭糸の精練より少し苛酷な条件で精練することが必要である。炭酸水素ナトリウム５g/L，界面活性剤のプロノン（商品名）１g/L の混合試薬を使用し，加圧式の高温鍋（210℃）で５回精練処理を繰り返して繭糸を精練する。精練前後の繭糸の重量比から繭糸の練減率が31.6%ぐらいであることがわかる。繭層部位や繭の個体間の違いで，絹糸の色調には若干斑があるようであるが，精練後，繭糸は金茶色の光沢

　繭糸の精練は，マルセル石けん，炭酸ソーダー，けい酸ソーダーなどを含む加熱したアルカリ水溶液で処理することにより繭糸表面を覆うセリシンを除去する工程である。精練をする前の生糸は，膠質のセリシンが生糸表面に付着しており，ゴワゴワした紙のような肌触りとなる。生糸を精練した絹糸は，柔らかくてしなやかとなり，奥ゆかしいシルク光沢が生まれる。セリシンを取り除く程度（精練率）を変えることにより絹糸から製造できる絹繊維織物の感触や風合い感は微妙に変化する。

を発するようになるのは何とも神秘的である。

　長い間，共同研究相手であり，神奈川県繊維工業試験所の所長・塩崎英樹が紹介された鹿児島県・繊維工業指導場の職員から提供されたのは，ヨナグニサン繭を繰糸して取り出した３ｇほどの絹糸であり，今でも大切に保存している。

　ところでヨナグニサンが，沖縄県指定天然記念物に指定されたのは昭和60年３月29日である。カイコのシルクとのつきあいは非常に長いが，生きたヨナグニサン幼虫や蛾にお目にかかったことは一度もなかった。ヨナグニサンの卵や幼虫，蛹，蛾，繭は，なかなか人には目に触れることがないと拙著では説明してきた。写真愛好家の共著者が撮った写真で満足することにしようと思っていた矢先，朗報が耳に入った。与那国島では現在，ヨナグニサン展示館が開設されているというのである。展示館名は「ヨナグニサン自然ふれあい広場『アヤミハビル館』」（沖縄県八重山郡与那国町字与那国 214）である。この展示館はまさに幻の昆虫と出会える場所である。絹糸昆虫に関心があれば，一度訪ねてみられることをおすすめしたい。

⑸　**蛾の翅と触角**

　世界最大級のヨナグニサン蛾が翅を広げた開翅長は，前述したように30 cmを越える個体もあり，昆虫の中では翅の面積が最大級の蛾として知られる。ヨナグニサン蛾の前翅は濃赤褐色で，前翅にある垂れ下がった先端は蛇がにらんでいるような奇妙な模様（頭状模様）に見える（図3.20，図3.21）。前翅と後翅の中央部には灰色データ大きな一対のＶ字形の斑紋がある。ヨナグニサン

図3.20　ヨナグニサンの雄蛾（沖縄に生息）

図3.21　ヨナグニサン蛾の翅裏

の雄蛾（図3.20）の頭部にある，一対の太く発達した櫛歯状の触角（Antenna）は，雌蛾が放つフェロモンの分子を精度良く敏感に嗅ぎ分ける器官である。雌蛾の触角は細く，かつ小さな弓形の羽状をしている。繭の中の蛹から羽化した雌蛾が放散する性フェロモンを雄蛾は触角の受容細胞で受け止め，かなり遠方にいる雌蛾の場所を察知することができる。

　1990年頃，タイのカセサート大学との学術交流のため，たびたび渡泰（タイ国）したことがある。ある日の宵のこと，賑わいがある大通りの道路際に大がかりのナイトマーケットが立ち並んでいた。大通り沿いの店頭に，大きさが異なる6匹の野蚕の蛾が入った大きさが33 cm×54 cmほどの額縁が目に入った。タイ語での値切り方がまったくわからなかったが，見よう見まねで値下げをしてほしい気持を伝え，思い切って額縁に入ったコナグニサン雄蛾を購入した。

　タイ国で求めたヨナグニサンとは異なるが，後で述べるように沖縄に生息するヨナグニサンが図3.20である。このヨナグニサン蛾は，開長と前翅長はそれぞれ22 cm，12.5 cmほどあり，実に綺麗に整った翅をもっている。

　ヨナグニサンの雄蛾は一般的には体長40〜51 mm，前翅長100〜130 mm，雌蛾は体長50〜53 mm，前翅長130〜140 mmと大型の蛾であるが，世界最大のチョウ・アレクサンドラトリバネアゲハよりは小さい[19]。翅には透明な三角形の斑紋があり，赤レンガ色の線が前翅から後翅へと続く（図3.20）。翅の外線に沿って端が淡色をした褐色の斑紋が並ぶ[19]。屈曲した前翅先端の頭状模様（図3.21）は上述したように上向きの蛇の形に似ており，ヨナグニサンが相手を威嚇（いかく）するためなのかもしれない。口器（口吻こうふん）は退化して失われており，羽

III

国内に生息あるいは輸入種による繊維用の野蚕

化後は植物の葉を一切摂食することはない。ヨナグニサンは幼虫時期に蓄えた養分で生きるため，成虫寿命は長くても1週間ほどの短命である（Wikipediaより）。幼虫は，年に3～4回（4月，7月下旬～8月上旬，10月中旬頃）孵化する。卵の期間は11～12日，幼虫期間は20℃で57日，25℃で43日，30℃で46日であり，蛹（図3.22-1，図3.22-2）の期間は24℃で28日，30℃で46日である。高温の環境下の熱帯産に生息するにもかかわらず成長は遅い。2齢までの幼虫は2～5頭の群れをつくる（Wikipediaより）。

(6) 幻のヨナグニサンとの出会い

　国内ではヨナグニサンの生息数が著しく減少し，実際に生きている成虫や蛹にお目にかかることは極めて困難である。ヨナグニサンは，沖縄県八重山地方（石垣島・西表島・与那国島）に生息し，同県の指定天然記念物の準絶滅危惧種に指定し保護されている貴重な昆虫である。一般の人が生きた成虫や蛹に出会う機会は，おそらく皆無であるに違いない。博物館に展示されているヨナグニサンの色褪せた成虫標本や昆虫図鑑の写真でしか「幻」級のヨナグニサンを見ることができないはずである。

　ところが，とても偶然とは思えないできごとが共著者に訪れた。幻のヨナグニサンと出会うという希少な機会に恵まれたのである。沖縄県八重山郡与那国町の地元の協力により，生きたヨナグニサンの成虫（蛾），蛹そして蛹の入った繭を見ることができるという貴重な機会に遭遇できた。夢にまで見た美しく大きな雄の成虫（図3.20）を見た瞬間，「ワー！すごい！」と思わず声を発し

図3.22-1　ヨナグニサン繭の中の蛹

図3.22-2　ヨナグニサンの蛹

たほどである。興奮なのか感激なのかは何とも表現できない。ただ，感動のあまり心臓の鼓動の高鳴りを覚えた。これが，昆虫写真愛好家である共著者がヨナグニサンと出会った情景であり，今でもその感激を忘れることがない。とっさの判断で，片手には蛾，一方の手にはカメラをもって撮った写真が図3.21である。成虫を手に取って写真撮影をした貴重な経験は，共著者の一生の宝となった。翅裏が美しいヨナグニサン蛾の貴重な写真は，昆虫図鑑では決して見ることができない世の中でただ1枚の希有な写真かもしれない。ヨナグニサン繭を切開して取り出した蛹が図3.22-1と図3.22-2である。このような蛹から，あのように大きな蛾に変身するとは想像もできない。

　次に，雌蛾が産卵したヨナグニサンの卵を見てみよう。ヨナグニサンが産卵した卵6粒を丁寧に写した写真が図3.23である。薄茶色で丸形を帯びた卵の直径は2.6 mm ほどである。テンサンなどの卵とほぼ同じ大きさである。

図3.23　ヨナグニサンの卵

参考文献

19) 蝶と蛾の写真図鑑，David Carter，日本語版監修・加藤義臣，株 日本ヴォーグ社，p. 220（1996）
20) 西城正子：ヨナグニサン繭の紡ぎ法について，製糸絹研究会誌，**4**，pp. 101-102 （1995）
21) ヨナグニサンを守る会，ヨナグニサン保護増殖検証事業報告書（1989）

国内に生息あるいは輸入種による繊維用の野蚕

3.3　サクサン

　野蚕の一種であるサクサン（柞蚕）（学名 *Antheraea pernyi*）は，鱗翅目，カイコガ上科に属し，２化性なので年に２世代を繰り返し，年に２回，繭を収穫できる。ヤママユガ科に属する絹糸昆虫で原産国は中国である。ところがテンサンは１化性で年に１回収穫できる。このように野蚕は種類によって年に収繭できる回数が異なる[22]。サクサンは，薄茶色の繭をつくり，テンサンは緑色ないしは黄緑色の繭をつくるので明らかに見分けることができる。

(1)　サクサンの蚕種

　サクサンの種（卵）が日本に輸入された頃の歴史[23]にまでさかのぼってみよう。北海道開拓使三代目長官黒田清隆は，1875（明治８）年に将来斯業の有望なことを見込み，1877（明治10）年８月に清国（現在の中国）駐箚特命全権公使の森有禮に依頼して，サクサン種とシンジュサン種を入手することにし[23]，翌1878（明治11）年４月にサクサン種88顆（粒），シンジュサン種190顆（粒）を購入した。これらは明治12〜13年ごろまで北海道で増殖し，各地への普及がはじまった[23]。

(2)　サクサン飼育の歴史

　サクサンは前述したように年２回世代を繰り返すので，大量に収繭量を上げ

ることができた。飼育が容易であったので，各地で飼育されるようになり，信州をはじめ美濃，飛騨そして羽前，石狩を含む全国各地で飼育された[23]。千葉県鎌ヶ谷原にはテンサン会社の飼育地が整備された。内務省からは，この事業が有望視され，当時の金額で4,000余円という多額の保護金が支給された。800余町歩（約793 ha）の土地を活用してサクサン飼育の経営に取り組むことになった。各地では，サクサン飼育をはじめたが，飼育経験が乏しいため本格的に取り組みがはじまったものの数年後には失敗し，ほとんどが廃業してしまった。明治20年頃には，長野県の 南安曇郡と同県北安曇郡内でわずかに飼育されるだけとなってしまった[23]。

　長野県南安曇郡と北安曇郡では，古くからテンサン飼育を行っており，野蚕飼育の経験が豊かであったので，サクサン飼育は順調であった。同郡西穂高村，烏川村，三田村，小倉村などをはじめ，北安曇郡松川村，常盤村などがサクサン繭の主要な生産地になった。南安曇郡有明村ではサクサンが最も多く飼育された。有明村でのサクサン飼育のはじまりは，同村の曽根原林三が明治13年に茨城県勧業課から21顆（粒）の種繭を請い受け，テンサン飼育法にもとづいて採卵したことが突破口となった。サクサンは2化性で強壮であるため飼育しやすい[22]。テンサン飼育後の樹木を利用することができたので，数年もしないうちに有明村から近隣の村々へとサクサン飼育が普及していった[23]。

(3)　サクサン研究を導いた恩師

　ところで，筆者がライフワークとして続けているシルク研究の成果をまとめ

国内に生息あるいは輸入種による繊維用の野蚕

て報告した和文や英文の論文数は150編以上になる。論文リストを念入りに分析すると，カイコのシルクに関連する論文数は全体の約1/2，野蚕シルクと天然タンパク質である羊毛関連の論文を合わせると全体の1/2となる。

　野蚕シルク関連の研究は面白くてやりがいがあった。野蚕に興味をもったきっかけは，学生時代の恩師で指導教員の平林潔との出会いである。平林潔の学位論文は，サクサンの構造と機能に関する研究を集大成したものである。筆者がサクサンシルクを扱うことになったのは恩師の影響によるものであった。

⑷　院生時代の研究成果

　院生時代に行った実験は，サクサン幼虫の体内から取り出した絹糸腺内のシルクをさまざまな倍率にまで引き延ばすことにより，シルクにはどんな特性変化が起こるかを明らかにすることがテーマであった。サクサンシルク膜の走査型熱量測定（DSC）の曲線には，200℃には小さな吸熱ピークが，それに引き続き230℃には発熱ピークが現れる[24]。230℃に出現する発熱ピークはサクサンシルク膜や，テンサンなどのヤママユガ科の昆虫のシルク膜にも共通して見られる現象である。ところで，サクサンシルク膜に現れる230℃の発熱ピークは，X線回折写真を分析したところ，ランダムコイルを含んだα分子形態がβ構造に転移する「α–β転移」によるものであることを確かめることができた[24]。こうした結晶転移の起こり方が比較的に不鮮明なカイコのシルク膜に比べて，サクサンシルク膜では，結晶転移が極めて明瞭に起こり，構造変化が明瞭であるため，研究対象の試料としては極めて魅力的な素材である[24]。サクサンシルク

膜の熱機械的測定（TMA）によると，フィルムの収縮，伸長挙動が，ある特定の温度で明瞭に起こるため，サクサンシルク膜は実験試料としては適している[25]。学生時代にはじめたサクサンシルクの研究成果は，農林省蚕糸試験場に就職してからも大いに役立つことになり，野蚕シルクを扱った数多くの論文を投稿することができた。

(5) サクサン幼虫と吐糸

　孵化した幼虫は，約42日～52日で繭をつくる。幼虫の頭部は褐色で，胸部，腹部の体色が濃い緑色である（図3.24-1）。熟蚕期になるとサクサン幼虫の体色は次第に黄緑色になり，幼虫の体は縮んで丸みを帯びる（図3.24-2，図3.25）。幼虫が丸みを帯びる体つきの変化から，吐糸がいよいよはじまることがわかる。

　体内にある細長い後部絹糸腺で生合成された液体状態のシルクは，後部から中部，そして前部へと絹糸腺腔内を移動する。幼虫の頭胸部の付近で1対の前部の絹糸腺が合流し，吐糸口から細い繭糸が吐き出される。吐糸口から吐き出される繭糸の断面は，円形ではなく扁平状態である[26]。

図3.24-1　サクサン幼虫

図3.24-2　丸みを帯びたサクサン幼虫

図3.25　サクサン幼虫

熟蚕頭部にある吐糸口付近を SEM 画像で観察してみよう（図3.26-1）。噴火口のように凹んだ擂鉢状の底に吐糸口が開いている（図3.26-1）。吐糸口から次々に吐き出されるサクサン繭糸は，やや扁平な形をしている（図3.26-2）。熟蚕期のサクサンは営繭するための足場を探して繭つくりをはじめる。足場糸となる繭糸の吐糸軌跡を見てみよう（図3.27）。繭糸の吐糸軌跡を観察すると，カイコ幼虫の吐糸軌跡より一回り大きなループを描く。これは，サクサン幼虫はカイコの幼虫に比べて大型であり，吐糸のために振り動かす頭胸部の動きが大きいためである。

⑹　サクサンの産卵用の籠

　サクサンは，営繭作業を終えると灰褐色〜赤褐色の繭をつくる。毛羽が付いたサクサンの繭が図3.28-1。産卵籠の骨組みの竹棒にサクサンは産卵するた

図3.26-1　サクサンの吐糸口（吐糸前）　図3.26-2　サクサン繭糸を吐き出す吐糸口[27)]

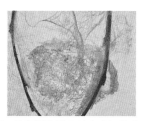

図3.27　営繭開始時のサクサン繭糸の軌跡

図3.28-1　繭殻に産み付けたサクサン卵　図3.28-2　サクサン繭と卵

め，産卵には，ハンドベルをひっくり返したような竹製の産卵籠が使用される。羽化後のサクサンの蛾は，営繭した繭に卵を産み付けることもある（図3.28-1，図3.28-2）。雌雄のサクサン1ペア当たり150～300粒の卵を産む。サクサンの卵は，直径は2.5 mmほどである。

(7) サクサンの孵化

卵殻を食い破って小さなサクサン幼虫が卵外に出る孵化の瞬間の写真（図3.30-1）である。卵殻内での幼虫は，大腮（たいさい）で卵殻を食い破って卵外に出るため，卵壁を突破する生命力には驚かされる。幼虫が抜け出た後の卵殻には大きな孔があき，卵殻の内部は空洞である（図3.30-2）。卵から出てくるサクサン幼虫の体長と体重はそれぞれ6 mm，5 mgほどで，卵の長径は2.83 mm，短径は約2.44 mmぐらいであり，幼虫が自分の体長の2分の1ほどの卵殻から抜け出ることになる。卵殻の中では，孵化する前の小さな幼虫はどんな格好で折りたたまれているのだろうか。孵化直後のカイコや各種野蚕幼虫は体長よりもかなり小さな卵殻の中にまるまりながら納まっている。カイコや各種の幼虫は，孵化直後の幼虫体長よりもかなり小さな卵殻の中にまるまりながら納まっていることになる。

(8) サクサンの半化蛹

サクサン幼虫はつくった繭殻の中で，蛹へと変態する。幼虫が蛹に変態する際，脱皮が不完全であると正常な蛹にはなれない。こうした状態を半化蛹（はんかよう）ある

図3.30-1 サクサン幼虫の孵化

図3.30-2 サクサン孵化後の卵殻[28]

いは半化蛹蚕（図3.29）という。サクサンの半化蛹は，図3.29に示したように頭と胸部には幼虫の胸足がしっかり残っており，腹部は幼虫のときの関節間膜が不完全なままである。半化蛹状態では，上述したように正常な蛹や蛾になることはできず，この状態のまま一生を終えてしまう。サクサンの半化蛹（図3.29）は，野蚕関連の文献には掲載されておらず，図3.29は貴重な写真である。こうした半化蛹はカイコでもたまに見つけることができ，カイコの半化蛹は，腹部が縮まらない状態である場合が多い。

(9) サクサンの繭糸表面

　サクサンがつくった繭層断面を SEM 観察してみよう（図3.32-1）。繭層の内層繭糸は緻密な構造をとるが，繭の毛羽になる外層は複数の乱れた層が層状に積み重なっている。繭糸表面には1辺が2～3μm ほどのシュウ酸カルシウムの立方体結晶物が数多く付着している（図3.32-2）。こうした結晶物はヤマ

図3.29　サクサンの半化蛹

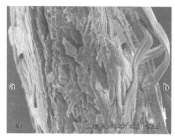

図3.32-1　サクサン繭層断面　内層（a），外層（b）

図3.32-2　サクサンの繭糸表面に付着する結晶物

マユガ科の野蚕繭糸に共通して観察できる。サクサン繭糸の断面を SEM で観察してみよう。繭層繭糸の繊維径は、50〜60μm ほどである（図3.33-1）。絹糸断面は、細長い円を引き延ばした楕円形をしており、長径と短径は、それぞれ30、15μm ほどである（図3.33-2）。サクサン絹糸の横断面には、ヤママユガ科の昆虫繭糸に共通して不定形形態の微細孔（ボイド）が多数観察できる（図3.34）。

⑽　サクサンの繭重と繭糸長

　サクサンの幼虫期間、体重、繭重、繭糸長、繭糸繊度の諸特性をカイコ幼虫の諸特性と比較してみよう（表3.1）。

　野蚕が幼虫である期間（幼虫期間）は、カイコの2倍以上長く、野蚕の開翅長はカイコより3倍以上長い[22]。野蚕の繭糸長はカイコの繭糸長の1/2以下である[27]。テンサンやサクサンの野蚕は、表3.1からわかるようにカイコと比べて、成熟するまでの幼虫期間は長く、幼虫体重と繭重が重い割には、野蚕繭から取り出される繭糸長はカイコの繭糸長の1/2以下で、繭糸の繊維径も1/2程度である。

図3.33-1　サクサン繭糸断面の
SEM 写真　その1

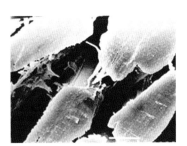

図3.33-2　サクサン絹糸断面の
SEM 写真　その2

表3.1　カイコと野蚕の産卵数，幼虫体重，繭糸特性

	幼虫期間, 日	開翅長, cm	産卵数, 粒	幼虫体重, g	繭重, g	繭糸長, m	繊度, d
カイコ	23	4.5	500〜550	6	2	1400	2.5〜3
テンサン	52	15〜18	130〜200	16.5	6	550	5.5〜6.5
サクサン	43	15〜18	130〜200	16.5	8	650	4.8〜5.1

⑾　野蚕繭の製糸

　大正期，野蚕の製糸場は125工場と多く，釜数も1917（大正6）年の500釜が
最高であった。その後，製糸釜数は減少し，多いといっても昭和初期・1932（昭
和7）年の307釜であり，ほとんどの年が300釜以下であった[23]。

　野蚕糸の歴史をさかのぼってみよう。テンサン絹糸の繰糸量が大正から昭和
前期の間で最も多かった年は，1930（昭和5）年の350貫（約1,313 kg）であっ
た。サクサン絹糸では，1918（大正7）年の507貫（約1,901 kg）であり，繰
糸生産量は年により大きく変動した。生産量が変動したのは，テンサン繭やサ
クサン繭の収穫量が年によって大きく変化したためであった。

　昭和10年代，戦時色が強まると野蚕絹糸は，贅沢品扱いにされて激減を余儀
なくされた。太平洋戦争がはじまるとテンサンは一部農家により種の保存が続
けられただけであり，戦後のテンサン飼育へと辛うじてつなげることができ
た[23]。

　野蚕繭糸の表面のセリシンには，カイコの繭糸より多くのタンニンが含まれ
るため，セリシンが水に対して難溶性になっている。タンニンは，野蚕幼虫が
摂取した葉に含まれるタンニンがセリシンに移行したものである。水難溶性の
セリシンのため野蚕繭の煮繭は，カイコに比べると困難である。水に溶けにく
いセリシンが付着する野蚕繭の煮繭は，カイコの繭に比べて少々過度な煮繭を
する必要がある。サクサンの繭糸長は，カイコの繭糸長の1/3以下である[27]。
繭糸の解れが悪いため，繰糸は丁寧に行う必要がある。野蚕繭糸の繰糸は，通
常，手作業中心の繰糸であり巻き取りの回転数が遅い座繰器で行うことが一般

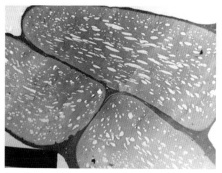

図3.34　サクサンの絹糸横断面の TEM 写真

的である[27]。

⑿　サクサンの蛾と配偶行動

　サクサン蛾は赤褐色から暗褐色の翅をもち，前翅と後翅には一対の目玉模様
の環状紋がある。前翅から後翅に続く黒褐色の帯状の外横線がサクサン蛾の特
徴の一つである。繭殻から羽化し，つがいのサクサンの黄褐色系の蛾が交尾す
るようすの写真が図3.31-1である。赤褐色系の蛾が交尾する写真が図3.31-2で
ある。

⒀　サクサンシルクの産業への応用
　　　（衣料用素材としての特徴）

　サクサン繭やテンサン繭の繰糸は，永年の経験と勘に頼る手作業により行
う。座繰器や手回し繰糸器の原型を野蚕繭の繰糸用に改善・応用して対応して
いる[27]。テンサン絹糸を衣料材料に用いることは希少価値的からすると実に魅
力的なことである。サクサン絹糸が衣料素材として好まれるのは，優れた特異
的な光沢を有するためである。また，両絹糸とも実用的な特性が優れているこ
とを知っておいてほしい。カイコの絹糸とサクサン絹糸とを混紡して製造した
絹繊維織物の表面をユニバーサル型磨耗試験機で500回磨耗しても耐摩耗性の
劣化は見られない。サクサン絹糸の複合率が増えるにつれて混紡絹繊維織物の
耐摩耗性が向上することが確かめられている[28]。

　野蚕絹繊維製品の特性についての成果を紹介しよう。サクサン絹糸とカイコ

図3.31-1　サクサン蛾のつがい
（黄褐色系）

図3.31-2　サクサン蛾のつがい
（赤褐色系）

の絹糸を混紡して製造した繊維製品の性状評価が報告された。両絹糸を混紡した絹繊維織物では見掛け比重と気孔容積は，サクサン絹糸あるいはカイコの絹糸単独で製造した繊維製品と類似している。織物の主要な組織である斜紋織あるいは朱子織で製造した混紡絹繊維製品の圧縮率や圧縮弾性率は大きくなり，延伸時の抵抗性と曲げ剛性率が小さくなる[28]。

⑭　野蚕絹糸の紬糸

　野蚕の繭層内の繭糸はカイコの繭糸と違って乱れており，繭層の相互の接着性が強いため，煮繭・繰糸は丁寧にしなければならず，テンサン繭は注意深く煮繭する必要がある。低速度で繰糸しても繭糸の解れが悪いため，均一な太さの繭糸を繰糸するためには相当な熟練を要する。過度の条件下で煮繭し繭層の繭糸を解し毛羽状態にしてから真綿をつくり，次いで，紬糸（つむぎいと）製造装置などで紬糸にしてから衣料・小物用の繊維素材にすることもできる。

⑮　サクサン絹糸の染色

　サクサン糸の染色に関する一連の研究により，反応性染料によるサクサン絹糸の染色，絹糸への酸性染料の色素吸着，反応性染料による絹糸織物の染色特性が解明された。サクサン絹糸織物に対する反応性染料の固着性，反応性染料による染色性，あるいはアルコールと水の混合溶媒中でのサクサン絹糸織物に対する反応性染料の染色性について明らかとなった[31]。

⑯　ナノファイバー

　サクサンシルクをエレクトロスピニングでシルクナノファイバーを製造する研究は海外でも行われ，エレクトロスピニングで調製できるナノファイバーを水に対して不溶化させるための手法が知られている[29]。サクサンシルク膜をヘキサフルオロイソプロパノール（HFIP）に溶解し，それをエレクトロスピニングすることによるシルクナノファイバーの製造法が明らかとなった[29]。サクサン絹糸を室温のトリフルオロ酢酸（TFA）に11日間かけて完全に溶解した 10 wt% TFA をエレクトロスピニングして製造できるナノファイバーの電子顕微鏡写真が図3.35である[30]。ナノファイバー表面は平滑であり特別な微細構造は観察できない。繊維径分布（N ＝ 100）を調べると，平均繊維径（nm）は，

688±177である（図3.36）。微細径で繊維径がナノオーダーのシルクナノファイバーが製造できたことはアピールポイントになるであろう。

図3.35　サクサンナノファイバーの
　　　　SEM写真[29]

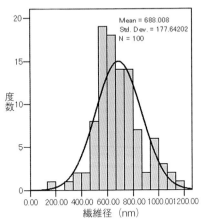

図3.36　サクサンナノファイバーの
　　　　繊維径分布曲線[29]

参考文献

22）塚田益裕；野蚕の飼育の基礎知識，加工技術，**48**(11)，pp. 14-15（2013）

23）小泉勝夫；新編日本蚕糸・絹業史（下巻），オリンピア印刷，pp. 247-258（2019）

24）平林潔，塚田益裕，奈倉正宣，石川博；延伸による野蚕フィブロインの熱的特性，繊維学会誌，**31**(1)，pp. 38-42（1975）

25）K. Hirabayashi, M. Tsukada: Thermal analysis of tussah silk fibroin J. Seric. Sci. Jpn, **45**(6), pp. 473-478（1976）

26）塚田益裕；野蚕繭糸の吐糸と繭糸断面の細孔，加工技術，**48**(11)，pp. 20-21（2013）

27）高林千幸；繭の製糸，天蚕（赤井弘・栗林茂治編著），サイエンスハウス，pp. 190-205（1990）

28）青木昭，高橋保，神田千鶴子，今井恒夫；蚕糸試験場彙報，**108**，pp. 89-125（1979）

29）Rong Liu, Jinfa Ming, Huanxian Zhang, Baoqi Zue；NHS corsslinked electron regenerated tusah silk fiborin, Fibers and Polymers, **13**(5), pp. 613-617（2012）

30）X. Zhang, K. Aojima, M. Miura, M. Tsukada, H. Morikawa；Nippon Silk Gakkaishi, **20**, pp. 61-67（2012）

31）加藤弘；繭糸の染色，天蚕（赤井弘，栗林茂治編著），サイエンスハウス，pp. 206-217（1990）

Ⅲ

国内に生息あるいは輸入種による繊維用の野蚕

3.4 エリサン

⑴ エリサンの生活史

　エリサン（*Samia cynthia ricini*）は，インドのアッサム地方やベンガル地方が原産地で，中国南部からベトナムなど東南アジアに広く分布している。エリサンは日本に生息するシンジュサンの別亜種であるので，両者の幼虫の体形などは非常に類似している。

　エリサンはヒマサンとも呼ばれ，この飼養品種は，インドのアッサム地方で収繭した繭から繭糸を取るため古くから飼育されてきた。原産地では年5回くらい飼育され，アリンディ絹糸という名で利用されている（コトバンクより）。

　エリサンは，鱗翅目，カイコガ上科，ヤママユガ科に属する野蚕で，ヒマ，シンジュ，キャッサバの葉などを食べる絹糸昆虫である。幼虫は4回脱皮し，最終齢の5齢の体重は9～10gほどになる。幼虫体色は，黄色と青みがかった2種類がある。幼虫の各体節には瘤状突起があり，種によっては黒色斑点がたくさんあるので，他の野蚕と区別しやすい。エリサンの蛾は翅色が白っぽいものや，翅の白色部がほとんど失われたものがいる[33]。蔟に収まるようにしながら，足場となる蔟の一区画に1頭のエリサンが繭をつくる（図3.37-1）。

　つくったばかりの繭の周囲には綿状の毛羽が付いている（図3.37-2）。エリサンとカイコの繭を並べて撮影した写真が図3.38-1である。エリサン繭の色調は通常は極薄い黄味を帯びた白色であるが，種によっては薄い赤褐色の繭もあ

図3.37-1　蔟中のエリサン繭

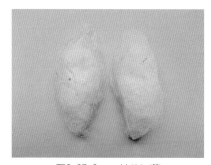

図3.37-2　エリサン繭

る。エリサン繭はカイコの繭に比べると形が大きく毛羽が非常に多い。エリサン繭層をアルカリ水溶液で処理（精練）して繭層の繭糸間の膠着力を弱めてから綿状に拡げて調製したシルクウェップを紡ぐことにより絹繊維製品の原料となる紡績糸が製造できる（図3.38-2）。エリサンの蛾（図3.39）の前翅と後翅には、薄黄褐色をした三日月型の斑点（a）と帯状の外横線（b）がある。これ以外の部分の体色はほぼ黒色である。

(2) エリサンの飼育史

　エリサンは、1938（昭和13）年頃，インドから台湾を経て日本に導入された。国内におけるエリサンの飼育の歴史はテンサンやサクサンに比べると新しい[34]。エリサンは多化性で完全変態をする。エリサン幼虫の期間はテンサンなどよりも短い。ヒマサンとも呼ばれるエリサンの飼育は，サクサンやテンサンの飼育に比べると簡単である。エリサンの幼虫期間は20日前後で，4回の眠を経てから，終齢の5齢で営繭する。

　繭層が硬くて緻密な構造のカイコの繭とは異なり，エリサンの繭層は柔らかくてボカ繭状態（図3.37-2）であるため，通常の方法で煮繭しても，自動繰糸

図3.38-1　エリサン繭（左）と
　　　　　カイコの繭（右）

図3.38-2　エリサン絹糸の紡績糸

図3.39　エリサンの雌蛾
a：三日月型斑点　b：白帯状模様

機で生糸を繰ることは不可能である。そのため，エリサン繭を加熱したアルカリ水溶液で処理してから製造した真綿を紡績することで紬糸が製造できる。

(3) エリサン繭の生産量

エリサンがわが国で盛んに飼育されるようになったのは，太平洋戦争中のことである。戦前は，長野県，茨城県，新潟県などで僅かに飼育された程度にすぎなかった。戦争中，養蚕，製糸，蚕種製造などは蚕糸業統制法によって統制された。しかし，野蚕繭や野蚕絹糸は生産量が少なかったので，統制法からは除外された。戦時中は年々桑園が激減し，内地繊維の不足という事態に直面したのでエリサン絹糸は新興繊維として注目された。このような情勢の中でエリサンの飼育量は増加し，これにともなって繭生産量が増えたため，1842（昭和17）年5月から日本蚕糸統制株式会社の買い入れ受け渡しの統制扱いが行われだした[34]。1943年には，北は岩手県にはじまり，南は鹿児島県まで，38都府県でエリサン飼育が行われた。その飼育戸数は1万2,000戸を超え，収繭量は6,366貫（23,873 kg）にも達した。昭和18年度の生産状況を見ると埼玉県が1,600戸で717貫（2,689 kg）の繭生産をして全国一となった。エリサン飼育が盛んであったのは埼玉県であり，それに続いて，山梨，静岡，島根，福島県ではいずれも1,000戸以上の生産者によって飼育された[34]。エリサンは，太平洋戦争中は有望な絹繊維として生産された。ところが，飼育用のヒマ栽培面積が増大したため，食糧生産に支障をきたすことが懸念され，生産統制されることになったが，戦後になると，エリサン飼育は行われなくなり，研究機関の研究

対象として僅かに飼育する程度になってしまった。

⑷　エリサン飼育が不振となった理由

　戦後，エリサン飼育が不振になった背景を考えてみよう。終戦によって国内は極端な食糧不足に陥り，野蚕を飼育するための飼料葉のヒマを栽培できる畑地を確保する状況ではなかった。政府は食糧難に対処するため，国内に残る桑園でさえも食糧生産に仕向けようと計画したが，連合国軍最高司令官総司令部（GHQ）の梃子入れによって，桑園を確保してカイコ飼育を行うことになった。生産した生糸を輸出することで外貨を稼ぎ，食糧品の輸入に充てられた。着ることよりも生きるために食糧を確保しなければならないという厳しい時代であった。そのため，エリサンは試験研究機関で研究用として，僅かな量を飼育するに過ぎない状態になってしまった。こうした状況下で，合成繊維の生産がめざましく発達しだしたので，エリサン絹糸ばかりでなく，カイコ絹糸の生産にも大きな影響およぼす時代を迎えることになった。

⑸　エリサンセンター（タイ国）

　ところで，1980（昭和55）年以降，国内の研究者は，エリサンシルクの多目的利用を進めるため，新しい応用研究を展開した。国際研究を展開するため著者は何度かエリサン飼育で定評のあるタイを訪問する機会を得た。タイ王室が支援するシリキット王妃プロジェクトは，養蚕業を積極的に振興している。当該プロジェクトの支援を得て活動しているエリサン研究センター（QSDS,

Sericultural Sub–division, Dept. of Agricultural Extension, Khet Chatuchaku）では，エリサンの飼育と普及を大がかりに進めている。研究センターを総括するのは所長の Dr. Saridiporn Chuprayoon（図3.40）である。センターを訪れた記念に同センターの所長と一緒に写真を撮影した（図3.41）。当該研究センターを訪問したのは2015年2月で，所長は笑みを絶やさずエリサンの飼育現場を詳細に案内してくれた。ヒマの葉を食べて成長するエリサン飼育の現場を見学することができた。所長は，エリサン研究センターを退職（2016年）してからも，エリサンに関する仕事を継続している。

　タイ国には，エリサンの育種センターは，3か所（Tak, Udon Thani, Roi Et）あり，いずれのセンターでもエリサンの他にカイコの飼育も行われていた。主に扱うのはエリサンであるが，その他，研究用には Fagara silk の飼育を進めていた。QSDS はエリサンの卵（種）を養蚕農家に販売する業務も行っていた。QSDS での業務はセンターの職員が担当し，パートタイマー作業員はこの業務に従事しないで別のルーチン作業を行う。

　エリサン飼育や育種を扱うタイでの研究センターとしては，QSDS の他に，カセサート大学（KU）に附属する育種・蚕種製造センター（Center of silk-worm breeding and Egg production）がある。QSDS を訪れて驚いたのは，大規模にエリサンの育種と飼育を行っていたためである。両センターは，エリサン飼育を行い，養蚕農家に蚕種を販売する業務も行う。KU のカイコの育種・蚕種製造センターと QSDS の養蚕センターとは別組織であるが，カイコの研究も行いながら，共同して業務を進めている。両組織は，カイコの飼育と養蚕

図3.40　Dr. Saridiporn Chuprayoon

図3.41　Dr. Saridiporn Chuprayoon（右）

農家の要請に応えてカイコの卵の製造業務を担当する。

　QSDS のエリサン研究センターの入り口にはエリサン絹糸を販売するコーナーがあり、センター左側の建物は、エリサンを飼育するための蚕室で、内部には背丈ほどの飼育棚が数多く並んでいる。飼育棚は、齢が異なるエリサンを飼育するために使用されており、棚には何段もの飼育箱が並び、どの飼育箱にもエリサンが動き回っていた。タイのカセサート大学農学部でもエリサンを飼育している。体色が白いエリサン（図3.42-1）は Kamphang saen 種、体色がやや黄色味がかったのはインド種（図3.43-1）であり、その他、今まで見かけたことのないエリサンが飼育されていた（図3.42-2，図3.43-2）。

　QSDS のエリサン研究センターの展示室にある商品陳列棚には、エリサン

図3.42-1　エリサン　その1

図3.42-2　別種のエリサン

図3.43-1　エリサン　その2

図3.43-2　別種のエリサン

図3.44　エリサン絹糸使用のハンドバック

の紡績絹糸から製造したハンドバック（図3.44）が展示されていた。エリサン
は，蚕病に対して抵抗性があり強健で飼育しやすいため古くから「実験昆虫」
として利用され，その絹糸を小物の素材に利用している。カセサート大学
（KU）の校章入りで，金属製のフックが付いた布状のストラップにはエリサン
絹糸が使用されている（図3.45）。

(6) 営繭用の蔟

　野蚕もカイコと同様に繭づくりには足場となる蔟が必要である。国によって
は蔟の形が異なっていて面白い。日本ではカイコのために木枠にボール紙製の
小枠をはめ込んだ回転蔟や藁を波形に編んだ改良藁蔟が使用されているが，タ
イのエリサン用の蔟は，直径1mほどある竹製の蔟で，その中央から波状の
プラスチックが時計方向に渦巻状に巻かれている（図3.46-1）。熟蚕のエリサ
ンは，竹製の円形籠に渦巻き状に巻き付けたプラスチックを足場にして繭づく
りをする（図3.46-2）。

　交尾をするつがいのエリサン蛾（図3.47-1）と，雌蛾を求めて羽ばたく雄蛾
のようすが図3.47-2である。蔟から取り出したエリサン繭の外周は毛羽状態
（図3.48-1左）である。エリサン幼虫を継代するために繭殻をナイフで切開し

図3.45　エリサン絹糸を用いたKU大学ストラップ

図3.46-1　営繭のための蔟（タイ）　　図3.46-2　吐糸中のエリサン幼虫（タイ）

て取り出した丸々肥えた栄養タップリの蛹が図3.48-2である。タイ国のエリ蚕研究センター（QSDS）の展示場にある標本箱には数え切れないほどの数多いエリサンの蛾がきれいに翅を一定方向に並べられ展示されている（図3.49）。蛾が一定方向に組み合いながら並ぶようすは組み合わせたパズルのように見え

図3.47-1　エリサン蛾のつがい

図3.47-2　エリサン蛾（雄）

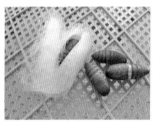

図3.48-1　エリサン繭と蛹

図3.48-2　エリサンの蛹

図3.49　エリサン蛾の標本

図3.50-1　産卵籠（日本製）

図3.50-2　エリサンが産卵した卵

る。正に素敵な美術品のようである。

　野蚕が産卵するための足場には，わが国では従来から竹製の籠（図3.50-1）が使用されてきた。タイのセンターの一角にエリサンの産卵用として，一片が1mほどの飼育箱が設置され，飼育箱には，垂直に立てられた箸の2倍ほどの太さの棒に産卵を終えた雌のエリサン蛾がとまり，棒の全面にエリサンの卵がビッシリと産み付けられている（図3.50-2）。蚕室横の準備室では産卵した多量の卵を孵化させるための準備を進められていた（図3.51）。

　わが国では，野蚕の産卵には竹製の産卵籠（図3.52-1）が使用される。タイ国のセンターにはないが，日本ではカイコの産卵には，28個の穴があいた連続蛾輪（図3.52-2）をA3サイズの産卵紙の上に載せ，各円形リングの中に雌蛾1蛾ずつ入れ，黒色の産卵促進板を被せて採卵する方法が採用されている。

(7)　エリサンシルクの産業への応用

　多化性のエリサンを有効利用するためには，亜熱帯気候のタイの他，温帯の

図3.51　エリサンの卵

図3.52-1　野蚕用の産卵籠

図3.52-2　蛾輪（カイコの産卵用の
　　　　　連続蛾輪）

アジア諸国でも年中飼育することが望まれる。エリサンを飼育するため、採算が取れる価格の人工飼料の開発を進めることが課題となるだろう。

⑻　日常品の小物への利用

　野蚕繭糸の断面には多様な形の微細な「孔」（ボイド）があることは、サクサン絹糸にも見られることをすでに紹介した（図3.34）（3.3⑼）。繭糸内には孔が連続したもの、あるいは単独の孔もあり形態はさまざまである。野蚕絹糸には空気層が多く含まれることは、微細な孔と関係があるのかもしれない。野蚕絹糸には抗菌活性や紫外線吸収性があることが知られ、産業への応用に期待が寄せられている。

⑼　低分子吸着をするエリサンシルク

　エリサンの繭層繭糸を粉末化して調製したシルクパウダーへのアンモニアの吸着特性を調べたところ、エリサンパウダーとカイコのシルクパウダーへの吸着度合は臭気吸着実験を開始してから30分、24時間後、それぞれ80％以上、95％以上となった。こうした結果は、悪臭気体の吸着材としてエリサンパウダーが利用できる可能性を示している[35]。

　野蚕絹糸が環境汚染物質を効率的に吸着することが示唆された成果内容を紹介しよう。野蚕絹糸が人体に有害で生物学的作用をおよぼすビスフェノールAをどれほど吸着するか、紫外線吸着スペクトル測定で検討した。エリサン絹糸、サクサン絹糸、アナフェ絹糸へのビスフェノールの吸着率は、それぞれ

44.7, 38.6, 35.2である。エリサン絹糸がビスフェノールAを効率よく吸着するので, エリサンシルクにより環境汚染物質以外の低分子化合物を吸着除去できる可能性が示唆された[36]。

⑽　エリサンシルクのナノファイバー

　エリサン繭糸のSEM写真が図3.53-1である。繭糸は一対の単繊維から構成されており, サクサンやテンサン繭糸と同様である。エリサン繭糸の表面には少量のセリシンが付いているが, 塊状のセリシン付着は見られない。エリサン絹糸を60℃に加熱した9Mチオシアンサンナトリウム水溶液に溶解してから, セルロース透析膜を用いて純水と置換することでエリサンのシルク水溶液が得られる。この水溶液を凍結乾燥することによって得られるエリサン粉末を走査型電子顕微鏡で観察した(図3.53-2)。エリサンのシルク粉末はバラバラな状態で不規則な形態になっている。

　エリサンシルクの産業への応用を想定して, シルクナノファイバーを製造してみよう。エリサンのシルク粉末をトリフルオロ酢酸(TFA)に溶解して作出した10 wt% TFAを印加電圧10 kVでエレクトロスピニングすることにより製造できるナノファイバーの電子顕微鏡写真が図3.54-1である。シルクナノファイバーの繊維表面は極めて平滑であり, 形態的には良好なナノファイバーである(図3.54-2)。シルクの機能を活かし, ナノファイバーがもつ広い比表面積の特性を活用することで新しい応用につなげたいものである。

図3.53-1　エリサン繭糸のSEM写真　　図3.53-2　エリサンの繭糸粉末のSEM写真

図3.54-1 エリサンナノファイバーの
SEM写真

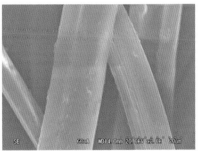
図3.54-2 エリサンナノファイバーの
拡大図

参考文献

33） エリサン　http://sanshi.my.coocan.jp/pdf/49.pdf#search = %27%E3%82%A8%E3%83%AA%E3%82%B5%E3%83%B3%27

34） 小泉勝夫；新編日本蚕糸・絹業史（下編），オリピア印刷，pp. 247-258（2019）

35） 伊東昌章，多加喜未可，東恵子，松岡滋美，仲宗根豊一；エリ蚕シルクパウダーの機能性評価，日本シルク学会誌，**25**，pp. 27-34（2017）

36） 加藤弘，塚田益裕；有害物質の吸着素材及び有害物質の脱着方法，特許第3430257号

国内に生息あるいは輸入種による繊維用の野蚕

第4章 国内外に生息し繊維素材化が進行中、進行見込みの絹糸昆虫

第4章 国内外に生息し繊維素材化が進行中, 進行見込みの絹糸昆虫

4.1 ムガサン

生物資源として関心が寄せられ, 衣料素材としての利用が一部進んでいる絹糸昆虫や進行見込みの絹糸昆虫を紹介してみよう。シンジュサンは国内に生息しており, 今後は衣料面ばかりでなく広い産業分野で活用することが期待されている。ウスタビガやヒメヤママユのような今後の活用が見込まれるものもいる。海外には繭色や繭の大きさなどに極めて特徴があるムガサン, クリキュラ, ゴノメタなどが生息しており, 今後広く利用できる可能性があるので, これら絹糸昆虫を紹介しよう。

(1) ムガサンの生活史

養蚕業の振興をはかるためにインドで重要視されている野蚕のムガサン (*Antheraea assamensis*) は, カイコガ上科, ヤママユガ科に分類される。ムガサンは, インドのアッサム地方にだけ特異的に分布する。年に3〜5回世代を繰り返す多化性である。したがって毎年4〜5回飼育を行い繭の収穫（収繭）ができる。ムガサンの幼虫期は, カイコやテンサン, サクサンなどと同じく4

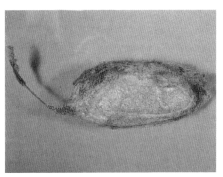

図4.1 ムガサン繭

眠5齢を経て営繭する。ムガサンは，クスノキ科のタブノキ，イヌガシ，ブナ科コナラ属の葉などを食べる。食害植物の小枝にぶら下がりながら濃い茶褐色〜淡い茶褐色の長楕円形で，繭長が約5cm，繭幅が約2.5cmほどの繭[1]をつくる（図4.1）。

ムガサンの絹糸や絹繊維製品の色調は金茶色で非常に美しいので高価で取引されている。ムガサンの卵は他の野蚕の卵よりはやや小振りである。ムガサンを屋内で飼育する方法がインドで開発された[1]。ムガサンの室内飼育に関する報告によると，飼育率を上げ，ムガサンの世代を継代するため雌の繭重をできるだけ増加させる育種方法が論議されるなど，ムガサンの品種改良と飼育法が検討されている[1]。幼虫の飼育法では多くの情報が知られているが，ムガサン絹糸の特性解明は遅れている。

⑵ ムガサン絹糸の特性

ムガサンの幼虫や蛾を観察する機会に恵まれることはなかったが，共同研究者の Dr. Giuliano Ferddi（4.3⑵）（図4.8）を日本に招聘したとき，実験試料としてイタリアから携えてきたのがムガサン絹糸であった（1992年）。ムガサン絹糸を手で触れたのは初めてのことであった。貴重な絹糸の特性を調べてみることにした。

ムガサン繭糸を走査型電子顕微鏡（SEM）で観察したところ，繭糸表面は平滑ではなく夾雑物と膠質のセリシンで被覆されている（図4.2左）。表面がセリシンや夾雑物で凹凸の大きいムガサン繭糸は，精練処理で表面の夾雑物を取

 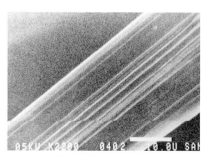

図4.2　ムガサン繭糸（左）と絹糸（右）

り除くと平滑となり，野蚕絹糸に特有のミクロフィブリルが絹糸軸方向と平行に観察できる（図4.2右）。

ムガサン繭糸の断面は，他の野蚕繭糸と同様に細長くて楕円形である。ムガサン繭糸は，他の野蚕繭糸に似て耐アルカリ性が高いため，少し過酷な精練をしてセリシンを除く必要がある。石けんとソーダの混合浴を用いて3時間煮沸処理することで精練ができる。夾雑物とセリシンを除いたムガサン絹糸の表面（図4.2右）は平滑である。

ムガサンの絹糸の光学特性を調べるため，浸液と偏向顕微鏡を用いて行うベッケ法でムガサン絹糸の屈折率測定を行ったところ，ムガサン絹糸の複屈折は0.030，平均屈折率は1.557であった。分子配向度に対応するムガサン絹糸の複屈折は，ヤママユガ科のサクサン絹糸の複屈折の0.034とほぼ同じであったが，カイコの絹糸の0.053よりもはるかに小さい[2]。ムガサン絹糸の分子配向度は，他の野蚕絹糸とほぼ同じであるが，カイコ絹糸の分子よりも乱れていると考えられる。ムガサン絹糸の結晶性に関連する平均屈折率は，他の野蚕あるいはカイコ絹糸の値と違いはない。

(3) アミノ酸分析

ムガサン絹糸のアミノ酸分析を行ってみた。その分析結果を表4.1にまとめた。アミノ酸組成の特徴は，GlyとAlaの合計値は，サクサン絹糸のアミノ酸

表4.1　ムガサン絹糸のアミノ酸分析[2]

アミノ酸	含量, mol%	アミノ酸	含量, mol%
Asp	5.03	Ile	0.26
Thr	0.69	Leu	0.33
Ser	9.16	Tyr	4.86
Glu	1.35	Phe	0.34
Gly	28.68	Lys	0.25
Ala	42.62	Hist	1.15
Val	0.59	Arg	2.53
Cys	0.36	Pro	0.46
Met	ND	Trp	1.35

ND：不検出

組成と類似しているが，カイコ絹糸よりもやや少ない[2]。ムガサン絹糸には，Ala に対して Gly が多量に含まれ，Arg，Asp などの塩基性アミノ酸が多く含有され，ヤママユガ科の野蚕絹糸のアミノ酸組成と類似する[2]。ムガサン絹糸のアミノ酸分析によると分子側鎖が短い Gly，Ala，Ser などのアミノ酸の合計値は80.5 mol%である[2]。Tyr は4.9 mol%とやや多いことも，他の野蚕絹糸のアミノ酸組成と類似する。酸性アミノ酸や塩基性アミノ酸の合計値は10 mol%ほどである。ムガサン絹糸の P/NP 値はカイコ絹糸の P/NP 値よりも多い（表4.2）。ここで，P と NP は，それぞれ，極性基鎖をもつアミノ酸，非極性基をもつアミノ酸である。

　ムガサンあるいはサクサンなどのシルクでは Gly/Ala 値は 1 以下で，LC/SC 値はカイコのシルクより大きい。LC と SC とは，それぞれ分子側鎖が長いアミノ酸，分子側鎖が短いアミノ酸を意味するのでムガサン絹糸は，分子側鎖が長くて嵩高いアミノ酸を多く含むことを示唆する。こうしたアミノ酸の特性（P/NP 値，LC/SC 値）は，ムガサンシルクの物理特性や化学反応性に関与しており，ムガサンシルクは化学加工により改質しやすいものと判断できる。

　ムガサン絹糸の機械的な特性を調べるため強伸度測定を行った。伸度5％付近に降伏点が見られ，その後，絹糸は次第に伸びはじめる。なお，切断伸度は40％であり，ムガサン絹糸の機械的な挙動は，他の野蚕であるサクサンやテンサン絹糸などと類似している。

表4.2　カイコと野蚕シルクのアミノ酸組成[2]

	ムガサン, mol%	サクサン, mol%	カイコ, mol%
Gly + Ala	71.3	72.08	74.37
Gly/Ala	0.67	0.71	1.55
P/NP*	0.33	0.35	0.27
100・LC/SC**	23.22	20.35	17.07

Gly，Ala はそれぞれグリシン，アラニン
Gly + Ala：Gly 量と Ala 量との合算値
Gly/Ala：Ala 含量に対する Gly 含量の割合
＊：極性基（P）量と非極性基（NP）量の比率
＊＊ SC：短い分子側鎖（Ala，Gly，Ser，Ther）のアミノ酸，
　　　LC：それ以外のアミノ酸

参考文献

1) K. Thangavelu A. K. Sahu ; Further studies on the in door rearing of Muga Sericologia, **26** (2), pp. 215-224 (1986)

2) G. Freddi, Y. Gotoh, T. Mori, I. Tsutsui, M. Tsukada ; Chemical structure and physical properties of *Antheraea assama* silk, J. Appl. Polym,. Sci., **52**, pp. 775-781 (1994)

IV

国内外に生息し繊維素材化が進行中、
進行見込みの絹糸昆虫

4.2 クリキュラ

(1) クリキュラの生活史

　クリキュラはカイコガ上科，ヤママユガ科に属する昆虫で，*Cricura trifen-strata*，*Cricura bornea*，*Cricura andamanica* など12種が知られている。その中の *Cricura trifenstrata* には6亜種が生息する。クリキュラは種や亜種の多い野蚕で，マンゴなどの果樹をはじめ庭木，街路樹などの葉を食害する。多種，多亜種のクリキュラがつくる繭は，大型繭や小型繭など，多種多様である。繭層構造が緻密なものから粗い網目状のものがある。繭色は黄金の輝きを放ち，色調は生育地によって少しずつ異なっている。この野蚕は，インドネシアをはじめインド，タイ，フィリピン，スリランカ，カンボジア，ベトナム，ミャンマーなど広範囲にわたって生息する[4]。

(2) 見直された食害昆虫のクリキュラ

　インドネシアのジョグジャカルタ特別州の州都はジャカルタ市である。ジョグジャカルタ特別州では，王室が中心となりクリキュラの大量飼育を振興し，繭糸の加工作業を進め，クリキュラ関連の活動が地場産業になろうとしている[6]。インドネシアでは価値が全く認められず，マンゴなどの果樹の害虫であったクリキュラがつくる黄金の繭が有用生産物であることが現地で理解されはじめ，クリキュラ繭が一躍脚光を浴びはじめた。クリキュラの繭糸が産業を

振興する突破口になるものと考え，その重要性をアピールしたのは，国際野蚕学会および日本野蚕学会会長の赤井弘である。赤井弘は，カイコや野蚕の絹糸腺の組織形態学を追究し，繭糸の構造解析の研究に長年にわたって携わってきた。野蚕絹糸の形態を電子顕微鏡で解析する研究活動をとおして，野蚕絹糸の新しい利用法を提案している。これがきっかけとなり，野蚕糸の重要性が世界中に広まることになった。現在，日本国内ではクリキュラ繊維を用いて和服や帯などが製織され販売されている。

(3) クリキュラ繭と煮繭

　インドネシアではこれまでは害虫として扱われてきたクリキュラ（*Cricula trifenstrate*）がつくる黄金の繭が上述したように有用生産物であるとして堺地で理解されはじめ，クリキュラ繭が一躍脚光を浴びはじめた[3]。この絹糸昆虫は，カイコガ上科，ヤママユガ科に属し，その繭は「黄金の繭」（図4.3-1，図4.3-2）とも呼ばれる[4]。

　わが国に生息するクスサンは，淡茶～淡褐色の網目状の繭をつくるが，海外に生息するクリキュラも同様に網目状繭をつくる（図4.4）。クリキュラ繭の外

図4.3-1　クリキュラの黄金繭

図4.3-2　クリキュラの繭

図4.4　クリキュラ繭

周を被う毛羽は，ループ状になっている。繭殻は緻密な網目構造のものや，木目が粗いものもある。クリキュラ繭の繭層の網目はルーズではあるが，網目状のクスサン繭とは違って緻密であり，繭殻を透かしても内部を見ることは困難である（図4.4）。

　他の野蚕のテンサン繭などと同様に，クリキュラ繭から繭糸を取り出す繰糸作業は，容易ではない。亜硫酸水素ナトリウム水溶液を用い，続いて，炭酸水素ナトリウム水溶液を作用させて繭を煮繭し，繰糸速度30 m/min[5]で糸繰りをすることでようやく繭糸が製造できる。クリキュラ繭（図4.5左）と，クリキュラ繭を精練してから糸繰りをして製造した絹紡糸が図4.5右である。

　大日本蚕糸会・蚕糸科学研究所（令和3年4月から大日本蚕糸会 蚕糸科学技術研究所に改編）の西城正子は，クリキュラ繭をアルカリ水溶液で煮沸し，続いて精練してから調製した綿状のシルクウエッブを手作業で紡いで紬糸を製造することに成功した。彼女は，クリキュラ繭の生産地であるインドネシアを訪れ，農村の女性にクリキュラ繭の煮繭法や紡績糸の製法法の技術指導を行った[6]。

⑷　クリキュラの繭色

　クリキュラ繭を精練し，繭層繭糸を広げて調製できるシルクウエッブを原料にして，手で紡いで製造したものが紡績糸である。金色に輝くクリクラ繭を，薬品を使って精練すると，この美しい色は消えて別の色になってしまう。クリキュラ繭，真綿，それを紡いだ紡績糸が図4.6-1である。真綿と紡績糸を拡大

図4.5　クリキュラ繭（左）と紡績糸（右）

して撮影した写真が図4.6-2である。ヨナグニサン，クリキュラ，アナフェの
繭糸から調製した紡績糸を並べて写した写真が図4.7である。ところで，これ
らの絹紡績糸の色に着目してほしい。ヨナグニサンの紡績糸（a）の色調は，
一番濃い茶色である。少し濃い色調はアナフェの紡績糸（c）とクリキュラ紡
績糸（b）であり薄い茶色を呈する。いずれにしても野蚕の紡績糸の色調は，
摂食する植物葉に含まれる色素や夾雑物により左右され，食害する庭木，街路
樹などの葉に含まれる天然の色素の種類と量により差が生ずる。野蚕繭の煮繭
条件や，その後の処理で繭の色調は，若干変化することがある。野蚕紡績糸の
色合いは，自然色素によって生ずるため，見る人を飽きさせることはない。ク
リキュラ繭糸の断面には，ヤママユガ科の野蚕繭糸と同様に，多孔性の微細な
孔（ボイド）が観察される。クリキュラ絹糸は，保温能力，紫外線吸収性を有
している[4]。インドネシアでは，この昆虫の繭を工芸品の素材に応用しようと
活動がはじまっている。

　クリキュラはインドネシアやタイなどで果樹の害虫として大被害を起こして

図4.6-1　クリキュラのシルクウェブ
（真綿）と紡績糸，繭

図4.6-2　クリキュラシルクの真綿（上）
と紡績糸（左）

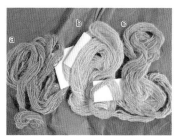

図4.7　野蚕の絹紡糸
a：ヨナグニサン，b：クリキュラ，c：アナフェ

きたが，この黄金の繭が現地で繊維化されシルクの地場産業として取り組まれている。先述したように，インドネシアでは王室が中心となりシルク産業の振興に取り組んでいる。また現在，日本国内でもクリキュラ繊維を用いて和服や帯などが製織され販売されている。

参考文献

3) 塚田益裕；黄金の繭，クリキュラ，加工技術，**52**(11)，50-51（2017）
4) 赤井弘；黄金繭クリキュラ　〜マンゴの大害虫が美しい健康シルクを造る〜，佐藤印刷，pp. 1-44（2015）
5) 天蚕繭の効率的繰糸方法
   https://www.naro.affrc.go.jp/org/tarc/seika/jyouhou/H10/tnaes98150.html
6) インドネシアの野蚕開発事業　http://hironagao2316.org/PDF/Wild%20Silk%20Development%20Project%202004.pdf#search = %27%E8%A5%BF%E5%9F%8E%E6%AD%A3%E5%AD%90 + %E9%87%8E%E8%9A%95%27

4.3　ゴノメタ

⑴　ゴノメタの生活史

　シャチホコガ上科（Notodontoidea），カレハガ科（Lasiocampidae）に属するゴノメタ（*Gonometa rufoburunnea*）は，アフリカのサバンナ地方を中心に生息する昆虫で，モパンの葉，アカシアなどを摂食する。ケニアには複数のゴノメタが生息しているといわれ，種によって植樹も異なることが知られている。幼虫は夜間に植物の葉を食べる夜行性昆虫である。ゴノメタがつくる繭の長径は5 cm ほどあり，細長い繭表面には数多くの剛毛が付いている[7]。アフリカのボツワナ東南の原野で撮影したゴノメタの写真を初めてわが国に紹介したのは赤井弘[8]である。ゴノメタは，針状の棘(とげ)のある植物で守られている。茶褐色で長径5 cm ほどの楕円形の繭は，インテリア材料や祭りの楽器として利用されている[8]。

⑵　国際共同研究とゴノメタ絹糸

　ゴノメタ絹糸はヤママユガ科の野蚕シルクよりも丁寧に精練をしなければならない。ケニアでのゴノメタシルクは，衣料素材にとどまらず，工業材料としての利用開発を目指している[10]。ゴノメタは生息地の一つであるマダガスカル島では衣料素材として古くから使用されてきた。また，アフリカのケニアでは日本の研究者[10]が，2015（平成27）年以降ゴノメタの飼育とこの繊維の利用の

取り組みをはじめている。この報告書[10]によると、ゴノメタ繭から得られるシルクは、カイコの絹糸よりも野性味に富み、ヤマユ科の野蚕よりも洗練されたシルクが得られるものとされている。

　著者は長年にわたってシルク研究をしてきたが、ゴノメタの幼虫や蛹、蛾、繭糸に触れる機会は全くなかった。蚕糸・農業技術研究所（つくば市）に勤務していたとき、科学技術庁からの支援を得て大型プロジェクトに携わることになった（1990年）。シルクを扱って海外で研究する大勢の研究者を日本に招いて一緒に共同研究を行ったときに、ゴノメタの絹糸を扱って研究をする機会に恵まれた。

　イタリアのミラノ市にある科学技術庁絹糸研究所（Stazione per la Seta）に勤務する Dr. Giuliano Freddi（図4.8右）を招聘し、一緒に研究をしたときのことである。彼と同じ研究所に勤務し、バイオ素材としてシルクの仕事している Antonella Motta（図4.8中）も、つくば市で一緒に仕事することになった。Dr. Giuliano Freddi は、来日したら、著者が勤務する研究所（つくば市）で分析しようと考えてイタリアから携えてきたのが少量のゴノメタ絹糸である。触れることさえ初めての絹糸の理化学特性を調べることになった。測定のための手法は大方決まっていたので、比較的短期間に新規の研究成果を得ることができた。研究成果をまとめて国際誌に投稿した論文が短期間で受理されることになった。共同研究を終えて1年ほど後、英文の論文が雑誌（図4.9）に掲載された[9]。イタリア人と一緒に研究をすることで、ゴノメタ絹糸と他の野蚕絹糸との類似性を知ることができた。

図4.8　イタリアから招聘した研究者
Antonella Motta（中）と Giuliano Freddi（右）

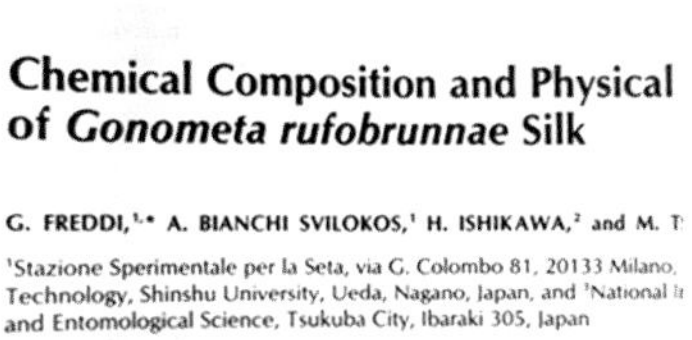

Chemical Composition and Physical of *Gonometa rufobrunnae* Silk

G. FREDDI,[1,*] A. BIANCHI SVILOKOS,[1] H. ISHIKAWA,[2] and M. T[

[1]Stazione Sperimentale per la Seta, via G. Colombo 81, 20133 Milano, Technology, Shinshu University, Ueda, Nagano, Japan, and [3]National I and Entomological Science, Tsukuba City, Ibaraki 305, Japan

図4.9　掲載論文[9]

107

ゴノメタ繭糸断面と絹糸表面の走査型電子顕微鏡（SEM）写真がそれぞれ図4.9-1と図4.9-2である。繭糸断面はかなり細長い楕円形をしている（図4.9-1）。繭糸断面には，楕円率が異なる形状が多く含まれている。精練した絹糸表面は非常に平滑で（図4.9-2），表面には特別な微細構造は見られない。これまでの観察によるとサクサンやテンサン絹糸の表面には繊維軸方向と平行に微細なミクロフィブリルが観察されるが，ゴノメタ絹糸には該当するミクロフィブリルは観察できない[9]。ゴノメタ繭糸の平均繊維径は，17.8 μm ほどで，サクサン繭糸の1/2の細さである。ゴノメタ繭糸は野蚕繭糸の中でも細い繊維に分類されるだろう。ゴノメタ繭糸の練減率は，17～20%で，カイコの繭糸の練減率21%と似ている。繭糸表面に付着するセリシン量は SEM 写真から判断すると，カイコの繭糸のセリシン含量よりも少ない。

アッベの屈折計と顕微鏡を用いてゴノメタ絹糸の屈折率測定を行い，ゴノメタ絹糸の複屈折（niso）と分子配向度を求めてみた。ゴノメタ絹糸の複屈折と結晶化度に対応する屈折率は，それぞれ0.027と1.559であった。前者の値はカイコあるいはサクサン絹糸の値と類似しており，ゴノメタ絹糸の結晶性はカイコの絹糸や他の野蚕絹糸と同程度である。ゴノメタ絹糸の分子配向度は，カイコの絹糸の1/2程度で，サクサン絹糸の値よりやや低い値である。ゴノメタ絹糸の分子配向は，カイコの絹糸に比べて低下しており分子が乱れていることが示唆された。

図4.9-1　ゴノメタ繭糸断面の
SEM 写真[9]

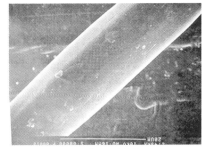

図4.9-2　ゴノメタ絹糸表面の
SEM 写真

⑶ アミノ酸分析

　ゴノメタ絹糸のアミノ酸分析を行ったところ，Gly と Ala を加えた総量は
59.7 mol%であり，ゴノメタ絹糸の主要なアミノ酸は Gly と Ala であることが
わかる。Gly と Ala を加えた値はカイコの絹糸では74.37%，サクサン絹糸の
72.08%よりも小さい値である。ゴノメタ絹糸に含まれる Ser，Thr，Trp など
の水酸基をもつアミノ酸の残基量を合計すると19 mol%，酸性アミノ酸の合計
量は15 mol%であり，極性基をもち側鎖が嵩高いアミノ酸の含有量は少ない[9]。

　一定速度で昇温する雰囲気下でゴノメタ絹糸の長さの変化を熱機械測定
（TMA（図4.10）で調べてみた[9]。室温〜250℃までの温度領域では試料長が2
段階で収縮する。100℃以下では，絹糸に含まれる水分が蒸発することにより
絹糸が収縮し，190℃以上になると試料長の2段階目の収縮が起こり4.3%ほど
収縮する。試料長の収縮量は，230℃で最大（4.8%）となるが，これは，分子
配向性が良い非結晶部位のゴム状弾性にもとづくものである。

　ゴノメタ絹糸の分子形態を調べるため，赤外分光（IR）スペクトルを測定し
てみた（図4.11）。IR スペクトルの測定によると，1,650 cm^{-1}と1,630 cm^{-1}（ア
ミドⅠ）に吸収，1,540 cm^{-1}と1,530 cm^{-1}（アミドⅡ）に吸収，1,235 cm^{-1}（ア
ミドⅢ）にそれぞれ吸収が現れる。700 cm^{-1}と625 cm^{-1}（アミドⅤ）にも吸収
が見られる（図4.11）。こうした吸収の特徴から，ゴノメタ絹糸の分子形態は，

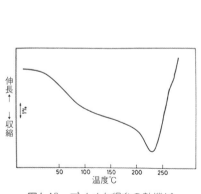

図4.10　ゴノメタ絹糸の熱機械
測定（TMA）曲線[9]

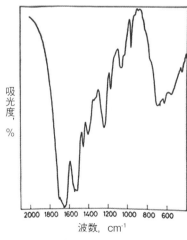

図4.11　ゴノメタ絹糸の赤外（IR）
分光スペクトル[9]

β型結晶構造に加えてランダムコイルの形態をもっていることが示唆される。上記，ゴノメタ絹糸の熱機械特性は，サクサン，テンサンなどの野蚕絹糸と類似している。

　動的粘弾性測定（DMA測定）によると高分子のガラス転移温度，耐熱性などの温度特性が評価でき，貯蔵弾性率（E'）や損失弾性率（E"）などの温度依存性がわかる。ゴノメタ絹糸の熱的な分子運動性を評価するためDMA測定を行うことにした。測定温度が上昇するとゴノメタ絹糸のE'，E"は次第に増大し，100℃付近で一定値となる。その後，190℃までE'は次第に減少するが，E"は185℃以上で急激に増大する[9]。こうしたゴノメタ絹糸の熱挙動は，カイコや他の野蚕絹糸の熱挙動に似ており，非結晶部位の分子鎖の熱運動が昇温過程で次第に増大すること，ゴノメタ絹糸の分子間では水素結合が分子架橋のようにしっかりと成形されているものと予想できる。

参考文献

7) 栗林茂治；野蚕と野蚕糸，改定蚕糸学入門，日本蚕糸学会，p. 340（2002）
8) 赤井弘；社会性の巨大繭巣，〜アナフェ，スゴモリシロチョウ，ステゴダイファス〜，佐藤印刷株，pp. 35-365（2016）
9) G. Freddi, A. Bianchi Svilokos, H. Ishikawa, M. Tsukada: Chemical composition and physical properties of *Gonometa rufoburunnae* silk, J. Appl. Polym. Scie,. pp. 48, 99-106（1993）
10) 亀田恒徳；国際科学技術共同研究推進事業　研究課題名「生物遺伝資源と分子遺伝学を利用した養蚕研究基盤構築」『平成30年度実施報告書』公開資料，p. 8（2019）

国内外に生息し繊維素材化が進行中、進行見込みの絹糸昆虫

4.4 シンジュサン

⑴ シンジュサンの生活史

　シンジュサン（*Samia cynthia pryeri*）は，カイコガ上科，ヤママユガ科に属する絹糸昆虫である。成虫が翅を広げた開翅長は10 cm を越える大型の蛾で，北海道・本州・四国・九州・沖縄に広く分布する。幼虫（図4.12）は，シンジュ，柑橘類，ナンキンハゼ，ヌルデ，ネズミモチ，モクセイ，クスノキ，エノキ，リンゴ，モチノキ，ニワウルシ，ニガキ，クヌギなど，さまざまな樹木の葉を食べる（Wikipedia より）。幼虫は毛状突起をもち，体色は淡黄色から淡青緑色の昆虫である。年に1から2回発生し，5から6月ごろと，8から9月ごろに出現する[11]。なお，絹糸昆虫の「エリサン」は「シンジュサン」から改良されたのではないかと考えられている。エリサンは分類上，シンジュサンと同じ種の亜種に位置付けられる。

⑵ シンジュサンの繭

　シンジュサンはモチノキ類などの食害植物の小枝にぶら下がって，淡黄茶色の繭（図4.13-1）をつくる。繭には小枝につながるための柄（図4.13-2）が付

図4.12　シンジュサンの幼虫

図4.13-1　シンジュサンの繭

図4.13-2　柄付きのシンジュサン繭

いている。三日月形の繭は，薄茶褐色から落ち葉色を呈する。繭を振ると，乾燥した蛹がゴトゴトと音をたてる。小枝にぶら下がるシンジュサンの繭と蛹が，それぞれ図4.14-1と図4.14-2である。黒褐色で丸っぽい形の蛹（図4.14-2）は，シンジュサン繭の1/3ほどの大きさである。シンジュサンの繭の表面（図4.15-1右，図4.15-2左）は比較的平滑であり，毛羽状態のエリサンの繭とは対象的である。カイコの繭は煮繭^(しゃけん)することで繭から連続的に繭糸を繰り取る（繰糸）ことができるが，多くの毛羽が付くエリサン繭からは毛羽や繭層が絡みあっているため繰糸はできない。シンジュサン繭（図4.16）を注意深く精練してから，手作業で取り出した絹糸を紡いで調製した柔らかい紡績糸が図4.15-2右である。

図4.14-1　シンジュサン繭と蛹

図4.14-2　シンジュサンの蛹

図4.15-1　エリサン繭（左）と
　　　　　シンジュサン繭（右）

図4.15-2　シンジュサンの繭と紡績糸

図4.16　シンジュサンの繭

⑶　シンジュサン蛾の翅

　シンジュサン蛾の翅色はオリーブ色がかった薄茶褐色ないしは落ち葉色で，４枚の翅には一つずつ三日月形の紋がある（図4.17-1）。シンジュサン蛾の翅色と形状は，エリサン（ヒマサン）蛾の翅の特徴（図4.17-2）に似ている[12]。シンジュサン蛾の翅は黒褐色であり，前翅と後翅には白い波のようにうねった帯状の外横線がある。前翅の先端には白色の斑点が霧状に散在する。シンジュサン蛾の前翅と後翅には，それぞれ一対の三日月の紋がある。エリサン（ヒマサン）の翅の色（図4.17-2）は，濃黒褐色であり，前翅，後翅の帯の形と色はシンジュサン蛾の翅色の外横線と似ているが，前翅と後翅に見える三日月模様は微妙に異なる。

⑷　大都市に生息するシンジュサン

　2003年ごろのことであった。ある日のこと，共著者が勤務するシルク博物館（横浜市）に40代前後の女性が訪問し，これまで見たことがないという絹糸昆虫についてあれこれと質問された。「近くの公園にカイコとは違ったかわいい繭をつくる昆虫がいて，毎年，たくさんの繭をつくるのですが何という昆虫でしょうか」との質問であった。質問を聞きながら，その昆虫に関する情報をなんとか集めようと務めた。「どのような色の幼虫か，どのような大きさでどんな形の幼虫ですか。何を食べ，どのような色合いの繭をつくるのか」などと尋ねた。話だけではなかなか判断できなかったので，後日，現地に出向くことにした。勤務日には，博物館を離れることがむずかしいので，休日，横浜市営地

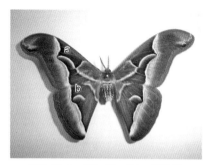
　図4.17-1　シンジュサン（雌蛾）

　図4.17-2　エリサン（ヒマサン）（雌蛾）

前翅と後翅にはそれぞれ三日月模様（a，b）が見られる

下鉄ブルーラインに乗って現地を訪れた。彼女が説明したとおり，立ち並んだビルの団地の中，横浜市内にある降車駅近くの市街化された一角に公園があった。公園の周囲に植えられている植物の数は少なく，先に問い合わせのあった昆虫が繭づくりをする数本の樹を直ぐに見つけることができた。その年にできた繭には，成虫が脱出した跡が見られず，繭はきれいなみずみずしい色をしていた。一年前に営繭したと思われる繭は薄汚れて抜け殻になっていた。それよりもさらに古く汚れがひどい繭から，およそ2年前に営繭したものとほぼ読み取ることができた。しかし，3年以上経過したと思われるひどく汚れが付いた繭からは，営繭年度を正確に予想することができなかった。ただし，葉に包まった繭であるため，少なくとも3年間はこの昆虫がこの地に生息していたようである。細かく観察したところ，話題の昆虫はほぼシンジュサンであると断定することができた。

　それにしても，どうやってこの都会の地にシンジュサンは飛来したのだろうかとの疑問が依然として残った。都市化して立ち並んだビルの中に成虫が飛んできて産卵して生息したのか，それとも昆虫マニアが放虫したか，あるいは卵付けでもしたのだろうかの疑問は解決できないままとなった。ここで見たシンジュサンは，オオミズアオ（5.2）のように都会で生息しやすい昆虫なのだろうか。こうした疑問は，今になっても解消しないままになっている。この公園で採取した繭を家にもち帰り，羽化させ展翅をしてから，大切に標本箱に入れて勤務先のシルク博物館に納めた。

⑸ **シンジュサンの繭糸**

　シンジュサン繭糸の形態を観察するため走査型電子顕微鏡（SEM）で観察
してみよう。繭を構成する1本の糸条（Bave）は，一対のフィブロイン繊維
から構成されており，糸条の間には夾雑物のような微細繊維がごみのように埋
め尽くしている（図4.18-1）。繭糸表面はセリシン様の物質で不均一に覆われ
ている。絹糸のおよその繊維径（μm）は13.8±1.0ほどである（図4.18-2）。
シンジュサン繭糸を90℃に加熱した0.2%炭酸ナトリウム水溶液で精練してセ
リシンや夾雑物を除いたシンジュサンの絹糸をSEMで観察したところ，フィ
ブロイン繊維の表面は平滑である（図4.19）。

　シンジュサン絹糸からシルクナノファイバーを製造してみた。絹糸を室温の
トリフルオロ酢酸（TFA）に72時間浸漬して，絹糸を完全に溶解して調製でき
る10 wt% シルク TFA をエレクトロスピニング（印可電圧 15 kV，紡糸距離
15 cm）したところ，微細径のシルクナノファイバーを製造することができた。

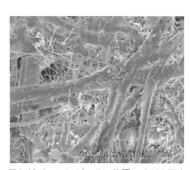

図4.18-1　シンジュサン繭層の SEM 写真

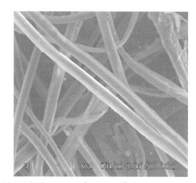

図4.18-2　シンジュサン絹糸の SEM 写真

図4.19　シンジュサン絹糸の SEM 写真

シルクナノファイバーの繊維径分布を調べたものが図4.20である。シルクナノファイバーの平均繊維径（nm）は189⊥58ほどである。ナノファイバーと呼ぶにふさわしい極微細な繊維である。比表面積が広いシンジュサンのナノファイバーの特徴を活かして，バイオマテリアルをはじめ，産業に応用できる新素材の研究を今後進めることが望まれる。

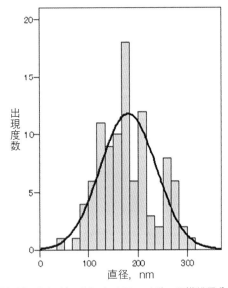

図4.20　シンジュサンナノファイバーの繊維径分布

参考文献

11) シンジュサン　https://www.insects.jp/kon-gasinjyu.htm
12) 塚田益裕，梶浦善太；ヒマサンとシンジュサンが面白い，加工技術，**51**(2)，pp. 14-15 (2016)

IV

国内外に生息し繊維素材化が進行中、進行見込みの絹糸昆虫

4.5　ウスタビガ

(1)　ウスタビガの生活史

　ウスタビガ（学名：*Rhodinian fugax*）は鱗翅目ヤママユガ科に属する昆虫である。ウスタビガが飼料とする食害植物は，クヌギ，カシワ，ケヤキ，エノキ，サクラ，カエデ，ハンノキ，スダジイ，コナラなどである。身近で採取しやすいサクラの葉を給餌することでウスタビガの全齢飼育が可能になった。この昆虫は，1化性で卵休眠する。長野県の自然温度下では4月に孵化し，6月に営繭，10月末から11月下旬にかけて成虫体が完成し脱皮して成虫が現れる（羽化）。

　卵から孵化して営繭するまでの幼虫期間は，個体間のばらつきが大きいが，平均すると1月半〜2か月である[14]。信州大学繊維学部の附属大室農場ではウスタビガ飼育をしている。飼育の記録によると，ウスタビガは吐糸をはじめてから羽化するまでに約4か月かかり，蛹で夏眠する。ヤママユガ科のテンサンの蛹は，30日〜60日ほど夏眠することがわかっている。これに比べウスタビガの夏眠期間は極端に長いことになる。

(2)　威嚇音を出すウスタビガ

　大室農場勤務の技術職員から熟蚕間近のウスタビガ幼虫を提供していただいた（2011年）。ウスタビガ幼虫は体側に沿って細い黄色の気門下線があり，こ

の線の上側は黄緑色，下側は暗緑色であり，幼虫の上側と下側で色調が異なる（図4.21-1）。熟蚕期に近づいたウスタビガ幼虫に触れようとすると，その気配を感じて幼虫は腹部からガマガエルの鳴き声のような「グィー」「キィーキィー」との威嚇音を数回出す[13]。この威嚇音は，ウスタビガ幼虫が野外の天敵を遠ざけるための防御機構なのかもしれない。ヒメヤママユ幼虫もキィーキィーと音を立てることがあるらしいが実際に聞いたことはない。同じヤママユガ科に属するテンサンやサクサンは「鳴き声」を決して出すことはない。

(3)　特徴的な営繭方法

　1ペア当たりのウスタビガ雌蛾の産卵数は100〜200粒ぐらいであり，カイコの産卵数に比べると半分以下である[13]。熟蚕期になるとしきりに頭胸部を背中に近づけて反り返るようにしながら，動き回って繭づくり（図4.21-2）をはじめる。興味あるのは，ウスタビガは極めて特徴ある営繭行動を見せることである。幼虫は頭胸部と腹部を左右に振りながら，吐糸を続けるが，尾脚はいつも繭殻の外に出すようにして営繭する（図4.22-1，図4.22-2）。繭殻から出る尾脚が邪魔をするため，カイコの繭のように完全に閉じた立体の繭にならず，繭

図4.21-1　ウスタビガ幼虫

図4.21-2　ウスタビガ幼虫と繭

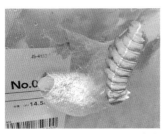

図4.22-1　営繭中のウスタビガ

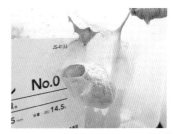

図4.22-2　営繭途中のウスタビガ繭

の上端は，ちょうど，藁筵を二つ折りにしたように，ひらべったく押しつぶされた形になる。押しつぶされた形は，穀物や塩などを入れる「叺」に似ている。繭上部には押しつぶされた扁平の隙間がわずかあり，繭の下側には直径1.5 mm程度の小穴が開いている。上部の穴から僅かに入り込んだ雨水が繭中を伝わって抜け出るための小穴であるらしい。枝にぶら下がるウスタビガの繭には繭と枝とをつなぐ柄がある（図4.23-1，図4.23-2，図4.23-3）。このようにウスタビガは叺状の繭をつくることから，地方によってはツリカマス，ヤマカマス，ヤマビシャクなどと呼んでいるところがある。これらの呼称は繭の形状に由来したものであることがわかる。収穫したウスタビガの繭が図4.24である。

⑷　ウスタビガ繭の性質

ウスタビガに関する飼育の基本情報をお知らせしよう。2～3齢のウスタビガ幼虫をクヌギやカシワ樹に放つ時期は，5月下旬から6月中旬である。営繭がはじまるのは7月上旬から中旬である。収繭時期は7月上旬が目安となる。

ウスタビガ繭の長経はカイコの長径とほぼ同じ大きさであり，短経はカイコ

図4.23-1　枝にぶら下がるウスタビガ繭

図4.23-2　枝につながるウスタビガ繭の柄

図4.23-3　ウスタビガ繭と枝

図4.24　収繭したウスタビガ繭

やテンサン繭の短径よりも少し小さい。ウスタビガ幼虫の繭表面には，絹織物
の縮緬に見られるような「シボ」模様が観察される（図4.25-1）。枝にぶら下
がる繭（図4.25-2）を切開して，中にある蛹が雄か雌かの違いを判別してから
ウスタビガ繭の特性を見ることにした。調査個数は少ないが，雌と雄のウスタ
ビガの繭重は平均値でそれぞれ，3.0 g，1.85 g，雌と雄のウスタビガの繭層重
は，それぞれ0.36 g，0.28 gであった。また，雌と雄のウスタビガの繭層歩合
は，それぞれ12%，15.1%であった。雌の繭重は雄の繭重より1.6倍ほど，雄
の繭層重は雌より1.3倍ほど重い。一方，雄繭の繭層重の割合（繭層歩合）は，
雌繭の繭層歩合より1.3倍ほど大きい値であった。ウスタビガ繭，テンサン繭
そしてカイコ繭の大きさを比較してみよう（表4.3）。ウスタビガの繭の長径，
短径は，カイコ繭とほぼ同じである。ところで，テンサン繭は長径も短径も他
の2種の繭より一番大きな値となる。

(5) ウスタビガの蛹と繭層

　ウスタビガの蛹とカイコの蛹の写真が図4.26である。ウスタビガの蛹は丸み
を帯び黒褐色をしているが，カイコの蛹は，ウスタビガ蛹より丸味は少なく，
蛹の色は淡黄色である。ウスタビガがつくる緑色繭の繭層はキメが細かく硬い
ので，指で強く押さえつけてもやや凹む程度であり変形しにくい。緻密な繭層
構造のウスタビガの繭殻を，カイコの繭と同じ程度に煮繭しても，繭層間には

図4.25-1　ウスタビガ繭

図4.25-2　枝にぶら下がるウスタビガ繭

表4.3　ウスタビガ，テンサンおよびカイコの繭の大きさ[13]

	ウスタビガ	テンサン	カイコ
長径，mm	35	44	35
短径，mm	17	22	21

水に不溶性で膠質のセリシンがあるため煮え難く，過度に煮繭してもウスタビ
ガ繭から繭糸を繰り取る（繰糸）ことはできない。

　ウスタビガ繭の外側にある毛羽などを丁寧に除去した繭層を走査型電子顕微
鏡（SEM）で観察してみた。ウスタビガの繭層は全体的には緻密であるが，
繭層の一部には粗状態のループ状構造が観察される（図4.27）。繭層から剥ぎ
取った繭糸表面は平べったいキシメン状のように見える（図4.28-1）。繭糸を
2.5％無水炭酸ナトリウム水溶液で煮沸することにより，精練した絹糸の形態
を SEM で調べてみた。精練した絹糸の断面は円形ではなく，やや扁平状もし
くはリボン状である（図4.28-2）。フィブロイン繊維には，30 μm ほどの微細

図4.26　乾燥保存中のウスタビガの蛹（左）
　　　　とカイコの蛹（右）

図4.27　ウスタビガ繭層断面の走査型
　　　　電子顕微鏡（SEM）写真

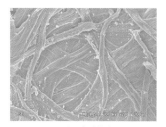

図4.28-1　ウスタビガ繭糸の SEM 写真

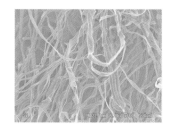

図4.28-2　ウスタビガ絹糸の SEM 写真

図4.29　ウスタビガ絹糸の SEM 写真

なミクロフィブリル構造が観察でき（図4.29），精練した絹糸表面は極めて平滑である。

　ウスタビガの熟蚕を黒い紙に載せて繭糸を吐き出す吐糸の軌跡を詳細に観察した結果が知られている。ウスタビガ幼虫は頭胸部をＳ字や左右に振りながら営繭行動をする。黒紙に残された吐糸軌跡を細かく観察すると，吐糸軌跡の振幅（長径）と振長（短径）は，それぞれ平均で6.5 mm と1.8 mm である。

⑹　ウスタビガの蛾

　ウスタビガの蛾の写真を図4.30-1，図4.30-2に示す。蛾の周囲の景色を消して蛾の形を見やすく処理した画像が図4.30-1である。図4.30-2はウスタビガの蛾の腹面を撮影した写真であり，野山での撮影が困難な希有の写真である。飼育をしながら一瞬のチャンスをねらってカメラのシャッターを切ることに成功した１枚の写真でもある。写真からは毛皮を思わせるようなふっくらとした淡い黄色の腹部が確認できる。これらの写真からはウスタビガの環状紋（眼状紋）を観察することができる。ウスタビガ蛾の前翅と後翅にはそれぞれ半透明な目玉模様の環状紋が一対あり，前翅の環状紋は後翅の環状紋より約２倍以上大きい。ウスタビガ蛾の翅にある明瞭な環状紋は他の野蚕蛾の翅の環状紋よりやや大きいことが特徴である。

　ウスタビガ雌蛾と雄蛾が翅を広げたときの大きさの開翅長（図4.30-1）は，それぞれ11 cm，９ cm ほどである。ウスタビガ成虫の体色は雄が黄褐色や橙褐色，雌は黄色である[21]。図4.31は雌蛾特有の黄色の体色をしている写真であ

目玉状の環状紋

図4.30-1　ウスタビガ蛾（雄）

図4.30-2　ウスタビガ蛾の腹面（雄）

る。この写真は羽化した後，時間が経過した日中に撮影したので，おそらく産卵後の雌蛾の写真に違いない。このようなウスタビガ蛾の翅にある目玉模様の環状紋は天敵には脅威となるはずであろう。ウスタビガの蛾が野鳥などの天敵から身を守るための威嚇あるいは警戒のサインになるのかもしれない。

ビテロジェニンのアミノ酸配列で比較すると，ウスタビガはヤママユガ科に属するテンサンとの相同性が80%で，テンサンとサクサンとの相同性は92%である[15,16,17]。

ウスタビガの羽化は夕刻からはじまり夜間におよぶ。雌蛾は交尾が終わると，発蛾した繭や発蛾した木の周囲の樹木に産卵し，遠くには飛んで行くことはない。

(7) ウスタビガの絹糸腺

熟蚕のウスタビガ体内から取り出した絹糸腺は，カイコと同様，前部，中部，後部の絹糸腺からできている（図4.32）。後部絹糸腺（c）で生合成されたシルクは，中部絹糸腺（b）を経て，前部絹糸腺（a）に移行し，吐糸口から繭糸が吐き出（吐糸）される。後部絹糸腺はカイコの後部絹糸腺とは違って細くて短い。絹糸腺全体からすると中部絹糸腺の長さは割合に長く，前部絹糸腺は比較的に細くて短い。ウスタビガ幼虫から取り出した絹糸腺を水中に浸すと，薄く黄色に着色する中部絹糸腺の色素は水に溶け出すため絹糸腺内に見えるシルクの色調成分は水溶性であると考えられる。

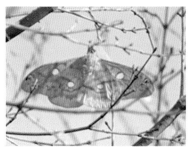

図4.31　ウスタビガの蛾

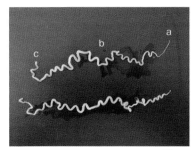

図4.32　ウスタビガの絹糸腺[13]
a：前部絹糸腺，b：中部絹糸腺，
c：後部絹糸腺

⑻　シルクのナノファイバー

　ウスタビガ絹糸をトリフルオロ酢酸（TFA）に溶解させて調製したシルクTFAを印可電圧2kVでエレクトロスピニングすると微細径のシルクナノファイバーが製造できる。走査型電子顕微鏡（SEM）と電界放出形走査電子顕微鏡（FE-SEM）でナノファイバーの表面を観察してみよう。SEM写真とFE-SEM写真を，それぞれ図4.33-1と図4.33-2に示した。シルクナノファイバーの繊維径は130〜500nmであり，繊維径のバラツキがやや大きい。シルクナノファイバーの拡大率を上げて撮影したFE-SEM写真によるとナノファイバーの表面は極めて平滑である（図4.33-2）。

　今後は，バラツキがさらに少ない均一繊維径のナノファバーを製造するため，絹糸をTFAに溶解するための最適条件とエレクトロスピニングの紡糸条件を最適化させることが望ましい。製造できるナノファイバーの特性を解明し，新らしい用途開発を目指してさらに追究する必要があるだろう。

⑼　ウスタビガ繭採取の思い出

　ウスタビガ繭を見ると，共著者は小学校時代の記憶を思い出す。通学する信州の田舎の冬は雪深い。生活道路は村人が雪掃きで除雪したので土の道路がようやく顔を出す。道から一歩踏み出すと30cm以上の雪が一面に積もっているのは雪国の通常の風景である。冬に学校が休みになり出かけていった先は，峠を越えた先の温泉の大衆浴場である。赤松林やクヌギ・コナラの雑木林がある山道を登り下りすること1時間でようやく目的地に到着する。山道の途中には

国内外に生息し繊維素材化が進行中、進行見込みの絹糸昆虫

図4.33-1　ウスタビガナノファイバーのSEM写真

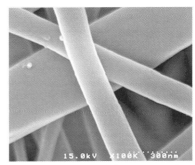

図4.33-2　ウスタビガナノファイバーのFE-SEM写真

落葉したコナラの雑木林があり，その枝には，ウスタビガの緑色繭が釣り下がっていることをすでに知っていたので，ウスタビガの繭を採るため急斜面の林に入ることにした。斜面にはまだ雪が積もっているため，滑って転んで長靴の中や手袋は雪だらけになってしまった。こうして，やっと念願のウスタビガの繭を手に入れることができた。普段手に入らない珍しい繭なので大切にポケットに入れてもち帰った。落葉した冬の季節でないと見つけることがなかなかむずかしいウスタビガ繭を採取した光景がなんとも懐かしい。

(10) ウスタビガ繭の利用

　ウスタビガ繭は，形が極めて特徴的であるので，みやげ品として販売される。緑黄色の美しい繭は，誰しも手に取ってみたくなるはずである。現在のところ，ウスタビカ繭の最適な煮繭条件が見つからないため，繭層を精練して真綿をつくり，それを紡いで紬糸を製造しようとする試みはない。玩具や飾り物に活用する以外の道は開かれていない。新しい用途が見つかれば天然のウスタビガ繭の価値は認められるはずである。

(11) ウスタビガ幼虫の体色と天敵からの回避

　ウスタビガ幼虫の形が摂食するクヌギ葉やコナラの葉の形に類似している。さらに興味あるのは，ウスタビガ幼虫の側面にある気門下線を境にして，背側は黄緑色，腹側は濃い暗緑色であることである[20]（図4.21-1）。ウスタビガ幼虫を除けば，体の背側と腹側とが明瞭に異なる色合いの絹糸昆虫は見たことがない。植物の葉の表は緑色，裏側は薄緑色である。ウスタビガは，食害樹の小枝にぶら下がることが多く，幼虫は深緑色の腹を上にするので黄緑色の背中を下に向けることになる[20]。色や形などを周囲のものに似せて天敵からの攻撃を回避するのかもしれない。ウスタビガはコナラの葉の表裏の色彩の違いを自ら感じ取り模倣している可能性がある[20]。色の淡い背中側の部分と色の濃い腹側の部分との色素結合タンパク質量は，腹側で多く青色色素を結合することにより濃い深緑色になっているものと考えられている[20]。

(12) ウスタビガシルクの産業への応用

　ウスタビガの生態については上記で触れたとおりである。2000年以降，ウス

タビガに関連する機能性の有用物質についての研究が進むようになった。繭から取り出した有用物質はラット肝がん細胞の増殖を抑制する効果のあることが検証された。ウスタビガ繭の酢酸エチル粗抽出物および70％アセトン粗抽出物にはラット肝ガン細胞の増殖を抑制する活性が確認された[17,18,19]。ウスタビガ繭糸から製造したシルク粉末の水抽出画分には病原性微生物の増殖阻害効果がある。果樹に大きな被害を与える植物性病原糸状菌を対象にして、ウスタビガ由来のアセトン粗抽出物の抗カビ活性検定では、リンゴ炭そ病菌の菌糸伸長の抑制に有効性が認められた[18]。数多い野蚕に関連するシルクなどからは、期待を超えるほどの新規物質が見つかる可能性があるだろう。

参考文献

13) 塚田益裕，佐藤俊一，庄村茂，梶浦善太；ウスタビガ繭糸の形成および理化学特性，日本シルク学会誌，**20**，pp. 27-33（2012）

14) 梶浦善太；未発表データ

15) Meng Y, Liu C, Shiomi K, Nakagaki M, Banno Y, Kajiura Z.; Genetic variations in the vitellogenin of Japanese populations of the wild silkworm, Bombyx mandaraina. J. Insect Biotechnol Sericol **75**, pp. 127-134（2006）

16) Meng Y, Liu C, Zhao A, Shiomi K, Nakagaki M, Banno Y, Kajiura Z.; Vitellogenin gene organization of Antheraea yamamai and promoter activity analysis. Int J. Wild Silkmoth Silk pp. 11, pp. 29-40（2006）

17) 梶浦善太；蚕と野蚕の遺伝資源とそれらの応用，加工技術，**48**(10)，pp. 17-26（2013）

18) 崔相元；野蚕繭からの新規生理活性物質の同定と機能解析，岩手大学大学院連合農学研究科　生物環境科学専攻（岩手大学），学位論文（2009）

19) 奥寺正浩，小藤田久義，鈴木幸一，三田村敏正；ウスタビガ繭から抗がん活性物質の単離，東北蚕糸・昆虫利用研究報告，**29**，p. 18（2004）

20) 竹田敏；昆虫機能の秘密，工業調査会，pp. 82-85（2003）

21) 白水隆・黒子浩；エコロン自然シリーズ　蝶・蛾　保育社，p. 107（1996）

4.6　ヒメヤママユ

⑴　ヒメヤママユの生活史

　ヒメヤママユ（*Saturnia Jonasii*）は，カイコガ上科，ヤママユガ科に属する絹糸昆虫で，北海道から本州，四国，九州，対馬，屋久島に生息している。摂食する食物の選択範囲が広い広食性であり，バラ科のサクラ，ウメ，ナシ，スモモをはじめ，ケヤキ，エゴノキ，ウツギ，カエデ，ガマズミ，ミズキ，サンゴジュなどいろいろな植物の葉を食べる[23,24,25]。雄蛾と雌蛾の開翅帳は，それぞれ85〜90 mm，90〜105 mm ほどである。この野蚕は一化性で，4月下旬から5月ごろ孵化し，4回脱皮して5齢末期に繭をつくる。幼虫期間は50日ぐらいである。蛾は10〜11月ごろに現れ，翅はオリーブ褐色をしている[22]（付表の第1表）。4枚の翅には，一つずつ眼状紋がある。卵で越冬する。

　ヒメヤママユ幼虫の写真が図4.34-1と図4.34-2，図4.35である。1齢の幼虫期の体色は，全身が真っ黒であるが，成長するにしたがって黒色部が少なくなり，中齢になると背中の黒い帯状模様だけとなる。終齢の5齢では全身が緑色になり，生えそろった産毛がよく見える（図4.35）。

図4.34-1　ヒメヤママユ幼虫（若齢）

図4.34-2　ヒメヤママユ幼虫（中齢）

図4.35　最終齢のヒメヤママユ幼虫

(2) ヒメヤママユの繭

ヒメヤママユ繭（図4.36a）は，クスサン繭[23]と同様に繭層は網目状である。ヒメヤママユ繭の色調は淡い茶褐色を呈する。オオミズアオ繭（図4.36b）は淡茶褐色～黒茶褐色で薄い油紙のように見える。オオミズアオがつくる淡茶褐色～黒茶褐色の繭（b）は柔らかく，指で押し潰そうとすると簡単に変形する。図4.36の写真にはないが黄金繭として知られ網目状のクリキュラ繭[24]（4.2(3)）は，指で押し潰そうとすると多少の抵抗はあるが潰れてしまう。

ヒメヤママユ繭を加熱した炭酸ナトリウム水溶液で精練すると繭層が解れセリシンなどの夾雑物が除かれ，それを手で広げて得られたものが真綿である（図4.37）。ヒメヤママユ，オオミズアオ，シンジュサンの3種の繭を90℃の0.2%の炭酸ナトリウム水溶液で精練した後の廃液の色調を観察してみよう（図4.38）。ヒメヤママユ，オオミズアオ，シンジュサン[22]繭糸の精練廃液の色合いは，それぞれ，赤茶褐色，濃い黒褐色，淡茶色である。オオミズアオ繭の精練廃液の色は最も濃く黒褐色を呈し，続いてヒメヤママユ繭，そしてシンジュサン繭の順に精練廃液の色が薄くなる。廃液の色調は，繭糸に含まれる有機物の色素によるものであり，幼虫が生息した環境の違いを反映する。オオミズアオ繭の廃液が濃黒色を示すのは，この昆虫は地面に降り落ちた葉の中で過

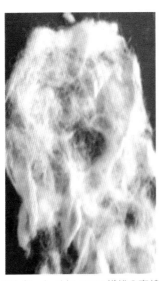

図4.37 ヒメヤママユ繊維の真綿

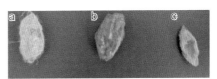

図4.36 野蚕繭糸
a：ヒメヤママユ，b：オオミズアオ，
c：シンジュサン

図4.38 精練廃液の色合い
a：ヒメヤママユ，b：オオミズアオ，
c：シンジュサン

国内外に生息し繊維素材化が進行中、進行見込みの絹糸昆虫

ごし，ごみ同様の落ち葉に含まれる有機物由来の雑多な色素が繭糸に含まれるためである。

⑶　ヒメヤママユシルクの産業への応用
（ヒメヤママユ繭糸の観察）

　ヒメヤママユ繭糸（単繊維の径は10μm）と精練後の繭糸と絹糸の走査型電子顕微鏡（SEM）の画像が図4.39-1と図4.39-2である。カイコの繭糸表面にはセリシンが糊状に付着することは，すでに説明したとおりであるが，精練前のヒメヤママユの繭糸（図4.39-1）の表面は平滑であり，セリシンの付着量は少ない。ヒメヤママユの繭糸を，90℃の0.2%炭酸ナトリウム溶液で精練した絹糸には精練前の繭の薄茶褐色が多少残る。ヒメヤママユ繭糸を精練した絹糸のSEM写真が図4.39-2である。ヒメヤママユ絹糸は捻れたり捩れており，絹糸断面はリボン状であるように見受けられる。ヒメヤママユ絹糸の繊維径（μm）は45.7±4.7ほどである。

⑷　ヒメヤママユシルクのナノファイバー

　ヒメヤママユの絹糸を室温のトリフルオロ酢酸（TFA）で72時間処理して完全に溶解させて調製できるヒメヤママユシルクの10 wt TFAをエレクトロスピニング（印可電圧 15 kV，紡糸距離 15 cm）することでナノファイバーを製造した。微細なナノファイバーの繊維径分布を調べたものが図4.40である。ナノファイバーの平均繊維径（nm）は，およそ158±52であり，繊維径のバラツキ

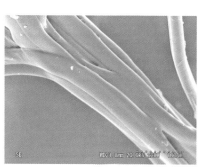
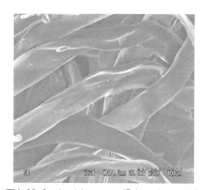

図4.39-1　ヒメヤママユ繭糸のSEM写真　　図4.39-2　ヒメヤママユ絹糸のSEM写真

は少なく，極めて微細なナノファイバーである。

(5) 繭層抽出物に含有する有用物質

　食物である植物の葉に含まれるフラボノイド系の色素を摂食し明るい黄緑色の笹繭をつくるカイコがいる。笹繭の繭層には抗酸化性や紫外線吸収性機能をもつ低分子量成分が存在することが明らかにされ，笹繭の繭糸表面を覆うセリシンには抗酸化活性物質が含まれる。笹繭のフラボノール成分には，ケルセチンとケンフェノールが多く存在するため化粧品素材としての利用に関心が寄せられている[26]。

　ヒメヤママユ，オオミズアオ，シンジュサンの繭層の精練廃液や熱水抽出溶液には天然の色素などが含まれている。精練廃液や熱水抽出溶液に，未知の生理活性物質が含まれる可能性があるので，応用に向けて研究を進める必要があるだろう。

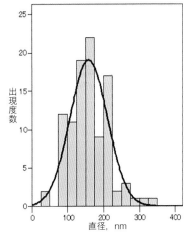

図4.40　ヒメヤママユナノファイバーの
　　　　繊維径分布

参考文献

22) シンジュサン：https://www.insects.jp/kon-gasinjyu.htm
23) 塚田益裕；クスサン繭の構造的特性，日蚕雑，**57**(5)，pp. 438-443（1988）
24) 赤井弘；黄金繭クリキュラ　～マンゴの大害虫が美しい健康シルクを造る～，佐藤印刷，pp. 1-6（2015）
25) ヒメヤママユ：https://www.insects.jp/kon-gahimeyamamayu.htm
26) 栗岡聡，山崎昌良；ショ糖負荷後の血糖値に及ぼす笹繭熱水抽出物の影響，第54回日本シルク学会研究発表要旨集録，15巻，pp. 98-99（2006）

IV　国内外に生息し繊維素材化が進行中，進行見込みの絹糸昆虫

第 5 章
国内外に生息し今後の利用に注目したい絹糸昆虫

第5章　国内外に生息し今後の利用に注目したい絹糸昆虫

 5.1　クワコ

⑴　クワコとの出会い

　クワコは鱗翅目カイコガ科に属する絹糸昆虫で，学名は *Bombyx mandarina* である。クワコは，カイコと同様，桑葉を食害し，年1～3回発生し卵態で越冬する。国内でも1化性から3化性までのクワコが生息している。また，終齢幼虫の齢数は4齢と5齢のものがある。クワコの形態はカイコと極めて類似し，クワコとカイコとの交雑種は生殖能力がある。

　初めてクワコの飼育を試みたのは，つくば市の研究所を定年退官し，母校の信州大学繊維学部に着任した翌年の2009年であった。農場に勤務する技術職員が採取した5齢終齢のクワコ幼虫を自宅にもち帰り，ミカン箱の2倍ほどのプラスチック製衣装ケースで飼育することにした。桑葉を与えながらクワコの斑紋を観察したり，食性，挙動をじかに見守ることにした。桑樹を食害する稚蚕3齢期のクワコが図5.1である。体色が紫青色のクワコには，カイコに特徴的に見られる暗色斑点紋とは異なる斑紋（図5.1）がある。4～5齢期になるとクワコの体色がカイコと同じように白みを帯びる。このようにクワコ幼虫は，

齢期が違うと体色が微妙に変化することが確認できた。桑畑で見つけた最終齢期の5齢のクワコは、カイコと同じような姿勢をしており、幼齢期の幼虫の体色よりも少し薄れる。

(2)　クワコの生活史

　クワコは終齢まではカイコと似た姿態である。日中は桑の株元、枝条の下部あるいは桑葉の裏などにいる場合が多い。5齢末期の熟蚕は、綴った桑葉の中で営繭したり（図5.2-1）、繭に柄をつけて枝にぶら下がるようにして営繭する。桑樹が落葉すると桑の小枝にぶら下がったクワコの繭を見つけることができる（図5.2-2）。営繭を終えた後、綴った桑葉にクワコの繭が包まれている（図5.3-1）。冬の落葉した桑園で、枯れ葉を綴って繭づくりをしたクワコの繭を見つけることができる（図5.3-2）。

(3)　クワコの繭

　クワコ繭には毛羽が多く、繭を繰糸するには、毛羽をていねいに除く必要がある。毛羽の除去量は繭を煮る煮繭程度によって左右されるので、繭から取れる

図5.1　クワコ幼虫（3齢期）

図5.2-1　営繭中のクワコ

図5.2-2　枝にぶら下がるクワコ繭

繭糸長には変動がある。0.6 g ほどのクワコ繭から糸繰りできる繭糸長は300 m ほどである[1]。

　クワコ繭と蛹を一緒に撮影した写真を見てみよう（図5.4）。毛羽が付いた薄黄色味を帯びたクワコ繭（a），毛羽を取り除いた後のクワコ繭（c），繭殻の中から取り出した皮膚が黒色の蛹（b）そして幼虫が蛹になる際に残した脱皮殻の写真が図5.4d である。図5.5はクワコ繭とカイコの繭を並べて撮影した写真である。クワコ繭（c）とカイコの繭（b）の長径と短径は，それぞれおよそ2.6 cm ×1.2 cm，3.8 cm ×2.1 cm であり，カイコの繭の大きさはクワコ繭の1.5倍ほどである。

(4)　クワコの皮膚色と脱皮

　クワコ卵の最外層に該当する卵殻の柱状の上部はカイコに比べて細いのが特徴である[1]。カイコ幼虫の皮膚が白いのは，皮膚に尿酸顆粒が多く存在するためである。一方，クワコの皮膚は黒褐色である。幼虫の脱皮回数は3回の3眠性が多い[1]（巻末付表の第1表と第2表）。面白いことはクワコが脱皮する際，

図5.3-1　営繭直後のクワコ繭

図5.3-2　桑の枯葉で綴られたクワコ繭

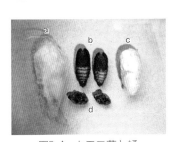

図5.4　クワコ繭と蛹
a：毛羽付きのクワコ繭，b：蛹，
c：毛羽を除去したクワコ繭，d：脱皮殻

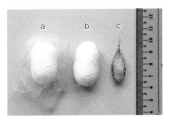

図5.5　カイコの繭とクワコ繭
a：毛羽付きのカイコの繭，b：毛羽を除去したカイコの繭，c：クワコ繭

古い皮膚を食べる習性があること，桑の枝に似せた擬態行動をとることである[1]。蛹の期間は，2週間で羽化するものや4～5か月かかるなど，蛹の期間に大きなバラツキがある[1]。

(5) クワコの飼育観察

　クワコを飼育用の衣装ケースの中に入れて観察したところ，驚くような場面に出会った。繭殻から出た蛾（図5.6-1）はうなり声のような翅音を立てながら衣装ケース内を飛行し，衣装ケースの壁に何度も衝突する音が聞こえた。飛行のようすを少しだけ見ようとケースの蓋を僅かに開けた途端，クワコ蛾は，ケース蓋の隙間から素早く飛び出し，ブンブンと音を立てながら部屋の中を飛び回る光景を目撃した[2]。クワコの蛾は部屋の中で何度も飛行し，蛾の飛翔力がいかに力強いものかを実感することができた。クワコ蛾（図5.6-2a）とカイコの蛾（図5.6-2b）の写真を見てほしい。クワコ蛾の腹部は少し黒味がかった褐色，翅は暗褐色で，前翅には，細くて濃い黒褐色の縞がある。カイコの蛾は，腹部と翅はともに淡白色であり，クワコ蛾の腹部と翅の色が異なる。翅を開いたクワコ蛾の翅は黒褐色で，翅には濃い黒褐色の帯状の内横線，外横線，亜外縁線が見られる。カイコの蛾の翅よりも構造上しっかりして丈夫であり，これが驚くほどの飛翔力を生み出したのである。クワコの蛾と繭を撮影した写真が図5.7である。

　クワコとは別種であるが，桑葉を摂食しカイコガ科に属するウスバクワコやインドクワコなどがいる。ウスバクワコは中国や朝鮮半島に，インドクワコは

図5.6-1　クワコ蛾

図5.6-2　クワコ蛾（a）とカイコの蛾（b）[2]

インド，ネパール，タイ，ベトナムなどに生息する[1]。ウスバクワコとインドクワコの化性は，それぞれ 2 〜 3， 2 〜 4 （インド），脱皮回数は，それぞれ 4 回ないしは 5 回で，染色体数（n）は，22，31である[1]。両者の主な生態などは巻末付表の第 2 表を参照されたい。

⑹　クワコシルクの産業への応用
　　（クワコシルクのナノファイバー）

クワコ絹糸を各種産業材料として応用することを目指して，クワコ絹糸のフィブロイン繊維の分子構造，強伸度特性，および熱分解挙動を調べたところ，カイコの絹糸の特性との差は見られなかった[3]。カイコと近縁関係にあるクワコ繭糸の形状を比べるため SEM 写真を撮影した。クワコ繭糸は扁平状であり，繭糸表面には微量であるが，野蚕絹糸に特徴的なシュウ酸カルシウムの立方体結晶物が僅かに観察できる[3]。クワコ繭糸の繊維径はカイコの繭糸よりやや細く，繭糸に付着するセリシン量はカイコの繭糸よりも多い傾向がある。

絹糸のシルクを素材にしてシルクナノファイバーを製造することにした。トリフルオロ酢酸（TFA）で溶解したクワコシルクをエレクトロスピニング（電界紡糸）してみた。40℃の TFA で，クワコ絹糸を 4 時間かけて溶解した10 wt% シルク TFA を印可電圧 15 kV，紡糸距離 15 cm でエレクトロスピニングした。試料液の容器の紡糸口から超微細なシルクジェットが陰極板に向かって飛び出すようすが観察できる（図5.8-1）。エレクトロスピニングで製造したクワコシルクのシルクナノファイバーを走査型電子顕微鏡（SEM）で観察して

図5.7　クワコの蛾と繭

Ⅴ　国内外に生息し今後の利用に注目したい絹糸昆虫

みた（図5.8-2）。ナノファイバーは繊維径が比較的均一で，繊維径分布は狭く理想的な形状を示す。

参考文献

1) 伴野豊；カイコの生き物としての特色と起源，カイコの科学，朝倉書店，pp. 1-3（2020）
2) 塚田益裕；クワコ蛾の飛翔力，加工技術，**54**(11)，pp. 52-53（2019）
3) 塚田益裕，蜷木理；人工飼料で飼育したクワコ繭糸の構造と力学的特性，日蚕雑，**54**(1)，pp. 26-31（1985）

図5.8-1　電界紡糸中のクワコの
　　　　　シルクジェット

図5.8-2　クワコナノファイバーの
　　　　　SEM写真

5.2 オオミズアオ

⑴ オオミズアオの生態

　オオミズアオ（学名 *Actias aliena*）は鱗翅目，ヤママユガ科に属する1化性ないしは2化性の絹糸昆虫である。北海道から本州，四国，九州，対馬，屋久島に生息し，最近はサクラ樹やカエデなどが植えられている都心のビル街でもオオミズアオを見掛けることがある。蛹で越冬し2化性のものは4月下旬から5月と7～8月ごろ羽化をする。幼虫はサクラ，カエデ，クリ，ハンノキ，ウメ，リンゴ，アセビ，カバノキなど，いろいろな植物を食べて生育する。幼虫は4回脱皮し，5齢末期に繭をつくる。

　ところで，地球上には数十万種以上もの昆虫が生息しているといわれ，このうち蝶と蛾などの鱗翅目昆虫は，10万から15万種がいることが知られている。絹糸昆虫も同様，多くの種類のあることが知られている。これらの昆虫が吐糸する繊維量や営繭挙動はそれぞれ異なり，紡ぎ出すタンパク質繊維には特異的な生理活性機能をもつ化合物が含まれる[4]。数多い絹糸昆虫の中でタンパク質繊維として古くから衣料素材に使用されてきたのは，サクサン，テンサン，タサールサン，ムガサンなどなどの繊維である。ヨナグニサンやゴノメタなどがつくる繭繊維は少量ながら衣料用に供されたとの報告があるが，今後，これら繊維の新しい利用については関心が寄せられている。

　都会にまで生息するようになったオオミズアオであるが，よほど注意をして

いないとヒトの目には触れ難い絹糸昆虫である。オオミズアオと同様に，身近にいる絹糸昆虫のようであっても人目に触れ難い種としてシンジュサン[5]，ヒメヤママユ[6]，ウスタビガ，あるいはクスサン[7]などを挙げることができよう。これら昆虫の繊維を衣料素材として利用しようとする試みは知られていない。オオミズアオの旧学名（*Actias artemis*）はギリシア神話のアルテミスに由来するといわれている。

(2)　オオミズアオ幼虫と蛾の翅色

　成虫の体色は青白色〜薄紫色をしており，後翅には外側に湾曲する少し長めの尾状突起が，この蛾の特徴である（図5.9-1）。翅の形は，オモチャのグライダーの羽根のように均整がとれており，前翅の前縁には紫色を帯びた薄紫色の帯状線がはっきりと見えるので，他の絹糸昆虫の蛾とはすぐに区別できる。全体的には青白色ないしは淡い紫色で均整がとれた翅をもつオオミズアオの蛾（図5.9-1，図5.9-2）からは，清楚で小柄な貴婦人のような印象を受ける。前翅には不明瞭であるが一対の小さい薄紫色をした目玉模様の環状紋（眼状紋）が，後翅にもやや明瞭であるが一対の環状紋がある（図5.9-1，図5.9-2）。この幼虫（図5.10）は，モミジ樹の葉などを食べて成長し，樹枝や地面の落葉の

図5.9-1　オオミズアオ蛾

図5.9-2　翅を広げたオオミズアオ蛾

図5.10　オオミズアオ幼虫　その1

中で営繭するため、オオミズアオ繭を探すことは大変に困難である。オオミズアオの生態、繭づくり、発蛾などのようすを知るには水挿し法で観察するのが好都合である。水挿し飼育でオオミズアオの営繭状態を観察した写真が図5.11である。

　オオミズアオ幼虫と繭について説明しよう。モミジ葉を食べて成長するオオミズアオ幼虫の体色は1齢が黒色、2齢になると赤褐色に変わり、3齢から終齢までは緑色となる（図5.12-1，図5.12-2，図5.12-3）。3齢以後はテンサン

図5.11　水挿し飼育で営繭したオオミズアオ

図5.12-1　オオミズアオ幼虫　その2

図5.12-2　オオミズアオ幼虫の頭胸部

図5.12-3　飼育中のオオミズアオ幼虫

幼虫の体色に似た色合いになる。オオミズアオ幼虫とテンサン幼虫の形態的な違いは，頭部の色が微妙に異なることと，背中（胸部・腹部）の突起や気門周辺などの構造と明瞭に違うため，見慣れると両者の違いを見分けることができる。

(3) オオミズアオ飼育と観察

　共著者の自宅（東京都町田市）の庭園にあるモミジ樹では，毎年，孵化したオオミズアオの幼虫が生育するのを見ることができる。モミジ樹に生息する幼虫は，野鳥や蜂などの天敵により捕食されてしまうので，幼虫の数はだんだんと減少している。毎年，天敵による捕食被害を減らすため，目の細かい網をモミジ樹にかけて幼虫を保護しながら観察するのが楽しみである。

　幼虫はモミジ葉や枝に営繭する他に，樹木から降りて落ち葉の中で繭をつくることもある。樹の枝や葉を綴ったり，葉を寄せ集めて繭づくりする野蚕は多いが，落ち葉などを綴って繭づくりをするオオミズアオは，ヒトの目には極めて触れ難い。幼虫を詳しく観察するためには，モミジ枝を瓶に挿して飼育観察をすることが好都合である。終齢の熟蚕は水挿しのモミジの葉や枝に営繭するので，営繭行動や吐糸挙動を観察するには絶好である（図5.13-1，図5.13-2）。

(4) オオミズアオの繭

　繭形の違いは種の特異性によるものであり，種が違うと野蚕は異なる形の繭をつくる。オオミズアオの繭（図5.14）を見てみよう。落ち葉の中でオオミズ

図5.13-1　オオミズアオ幼虫

図5.13-2　オオミズアオ幼虫

アオがつくる茶褐色の繭に秋雨が降りかかっても，繭表面は撥水性で水をはじくため，繭殻中の蛹は雨滴から守られる。繭の表面を詳しく観察すると，オオミズアオが吐糸の際，足場づくりのために吐いた毛羽が少し見えるが（図5.14），繭層にはクスサン繭（5.3）やクリキュラ繭（4.2）とは違って網目構造はない。

クリキュラ繭とオオミズアオ繭を並べて撮影した写真が図5.15である。感触が油紙のようなオオミズアオの繭（b）の表面は平滑であり，付着する毛羽量が少なく，繭層には網目構造は見られない。黄金の繭として知られ，形が小振りで少し細長いクリキュラ繭（a）表面には目視できるほどの数mmの穴構造があり，繭殻を透かすと中の蛹が僅か見えるが繭殻が丈夫であるため天敵による被害にはあいにくい。

オオミズアオ，シンジュサン[5]そしてヒメヤママユ[6]の繭の形状を比べてみよう（図5.16）。シンジュサンの繭（図5.16b）は，細長く紡錘形で，最外層は毛羽で覆われている。シンジュサン繭やヒメヤママユ繭と比べると，オオミズアオの繭は大きく，黒褐色の紙のような触感を与えるため，他の野蚕繭とは区

図5.14　オオミズアオ繭

図5.15　クリキュラ繭（a）と
　　　　オオミズアオ繭（b）

図5.16　野蚕の繭
（a）オオミズアオ，（b）シンジュサン，（c）ヒメヤママユ

別しやすい。オオミズアオの繭は，繭層が薄いので，テンサンやサクサン，ウスタビガなどの繭とは異なり繭層を指先で軽く押すと簡単に潰れてしまう。ヒメヤママユ繭（図5.16c）を指に挟んで押しつぶそうとすると，プラスチック製のゴムのように容易に変形するが，指を放すと繭の形は回復しやすい。野外昆虫の繭の形や色調を観察することによって，いろいろなことがわかるのは，実に楽しいことである。

⑸ オオミズアオシルクの産業への応用
（オオミズアオ繭糸の観察）

　濃い茶褐色のオオミズアオ繭からは，撥水性の油紙のような触感を受ける。1本の繭糸（Bave）は，一対の単繊維からできており，繭糸の繊維径はおよそ65〜75 μm で，サクサンやテンサンの繭糸よりは少し太めである（図5.17-1）。繭層繭糸を観察するには，繭層に含まれる不純物を取り除く必要がある。繭層に90℃，0.2%炭酸ナトリウム水溶液を作用させて精練したオオミズアオ絹糸の表面を走査型電子顕微鏡（SEM）で見てみよう。精練前の繭糸と精練後の絹糸の SEM 写真がそれぞれ図5.18-1と図5.18-2である。精練前の

図5.17-1　オオミズアオ繭糸の SEM 写真

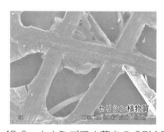

図5.17-2　オオミズアオ繭糸の SEM 写真

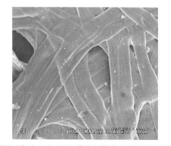

図5.18-1　オオミズアオ繭糸の SEM 写真

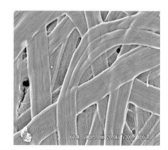

図5.18-2　オオミズアオ絹糸の SEM 写真

繭糸間には，セリシン様の薄膜がアヒルの足の水掻きのように付着している（図5.17-2）。精練前の繭糸は，付着する夾雑物によるひび割れが見える（図5.18-3）。

　繭糸を精練して調製した絹糸表面は平滑であり，固着物質であるセリシンの付着は見られず（図5.18-2），繭糸のセリシン量は少ないようである。オオミズアオの絹糸の繊維径（μm）は，およそ25.6±1.4である。オオミズアオの絹糸（図5.18-2）には，サクサンやテンサンの絹糸表面に特徴的なミクロフィブリル構造や，シュウ酸カルシウムの結晶物は見られない。

⑹　オオミズアオシルクのナノファイバー

　オオミズアオのフィブロイン絹糸を室温のトリフルオロ酢酸（TFA）に浸漬し，72時間処理して完全に溶解させることで調製した10 wt%のシルク TFA を印可電圧 20 kV，紡糸距離 15 cm でエレクトロスピニングすることによりナノファイバーが製造できる。その繊維径分布を調べてみた（図5.19）。オオミズアオから調製したシルクナノファイバーの平均繊維径（nm）はおよそ202±70であり，ナノファイバーと呼ぶに相応しい微細な繊維である。今後はさらにバラツキが少なく，細い繊維径の特徴を活かして新しい利用技術の開発を進めることが必要である。

Ｖ

国内外に生息し今後の利用に注目したい絹糸昆虫

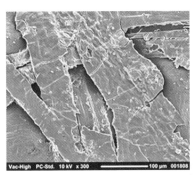

図5.18-3　オオミズアオ繭糸の SEM 写真

参考文献

4）長島孝之；蚊が脳梗塞を治す，昆虫能力の驚異，講談社＋αの新書（2007）
5）シンジュサン：https://www.insects.jp/kon–gasinjyu.htm
6）ヒメヤマユ：https://www.insects.jp/kon–gahimeyamamayu.htm
7）塚田益裕；クスサン繭の構造的特性，日蚕雑，**57**(5)，pp. 438-443（1988）

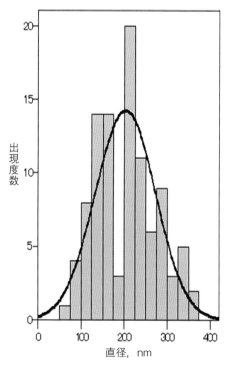

図5.19　オオミズアオナノファイバーの繊維径分布

5.3　クスサン

(1)　クスサンの生活史と気門

　クスサン（樟蚕／楠蚕）（学名 *Saturnia japonica*）は，鱗翅目・カイコガ上科・ヤママユガ科に属し，日本全土の他，中国北部，台湾にも分布する。成虫の開翅長は100 mm 以上ある。幼虫はクリ，クヌギ，コナラ，カシワ，サクラ，カキ，ウメ，ナシ，リンゴ，スモモ，イチョウ，クスノキ，エノキなどさまざまな樹木の葉を食べる[8]。年1回発生して卵で越冬し，幼虫は4～7月に出現する。クスサン幼虫は6回脱皮し終齢（7齢）になると，体長80～90 mm 程度にまで成長する。体色は青白色で，体には無数の細い体毛が生えておりシラガタロウ，クリケムシなどとも呼ばれる。産毛のような数え切れないほどの体毛が体中に生えているため，他の野蚕幼虫とは直ぐに見分けできる。幼虫の柔らかい産毛（図5.20）に触れても刺されたり怪我をすることはない。体側面には毒々しい複数の青色をした気門（図5.20）が一列に並んでいるので，他の野蚕幼虫との違いは明瞭である。

(2)　網目状の繭

　クスサン幼虫は，7月前半ごろ，細長く硬くて内部が透けて見える楕円形の繭をつくる（図5.21-1，図5.21-2）。栗の葉などで綴られる繭（図5.21-2）が網目状であるのは，営繭時，クスサンが頭胸部を振り動かす際，比較的，所定

図5.20　クスサン幼虫

位置にとどまりながら何度も繰り返し吐糸するためだろう。繭の網目状態ができるだけ観察しやすいように、クスサン繭を光にかざして撮影した写真が図5.22-1と図5.22-2である。営繭した後、繭殻中で蛹になる。9月から10月には羽化し、交尾、産卵し、卵態で越冬する。

(3) 蛾の特徴

野外で見つけたクスサンの雄蛾が図5.23である。櫛状の大きな触角をもつ雄のクスサン蛾の前翅と後翅は赤褐色で、前翅には赤褐色の外横線と内横線がある。クスサン蛾の特徴は前翅にはうっすらと目玉模様の眼状紋が、後翅には濃

図5.21-1　吐糸終了直後のクスサンの繭　　図5.21-2　栗の葉を綴ったクスサンの繭

 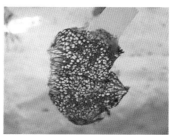

図5.22-1　クスサン繭　　　　　　　　図5.22-2　クスサン繭の拡大図

図5.23　破れた翅のクスサン蛾

147

い黒褐色の目玉模様の眼状紋がはっきりと見える。図5.23の左の前翅と後翅の半分がちぎれているのは、次の世代を生き抜くための配偶行動でクスサン蛾が激しく飛び回ったためであろう。

⑷　クスサンの繭

クスサン繭と他の野蚕の繭を並べて撮影した写真が図5.24である。濃茶色のクスサン繭（a）は、繭糸が繰り返して塗り固めるようにして吐糸したため、硬い網目構造を形成している。クスサン繭は中が透けて見える網目状の繭（図5.24a）で、硬くて丈夫な繭殻であるため、繭殻内の蛹は天敵による食害を受けることはない。クヌギの葉を綴ったエメラルドグリーン色〜黄緑色のテンサン繭（b）は衣料素材として重宝されており、繭1粒が200円ほどの値段がつくほどの価値がある。サクサンの繭（c）の外周には毛羽が付いており、繭色は灰褐色から赤褐色である。絹糸昆虫の繭の色や形、あるいは採取した時期がわかれば、およその種は推定できる。濃茶色で網目があればクスサン繭、枯れたクヌギの葉に綴られた薄緑色の繭（b）はテンサン、そして淡い茶色の繭はサクサン繭（c）といった具合である。野蚕繭の形、どんな植物の葉に綴られているか、そしておよその採取時期がわかると大まかな野蚕種を特定することができる。どの野蚕の繭を見てもそれぞれ特徴があり、実に美しいことに感激してしまう。なお、テンサンやサクサンとの遺伝子相同性は約80%である[9]。

クスサン繭はテンサン繭とは違って、繭から繭糸を紡ぎ出すことは容易ではない。クスサン繭を丁寧に解きほぐした綿状繊維とカイコの絹糸とを混合して

図5.24　野蚕繭
a：クスサン，b：テンサン，c：サクサン

織った混紡織物は新しい衣料素材として今後利用される可能性があるかもしれない。

(5) クスサン繭の思い出

　小学生であったころの共著者には，クスサン繭の採取に関する懐かしい思い出がある。長野県の上田市郊外にある故郷では，食害昆虫のクスサンが頻繁に集団発生した。地方の言葉で，「シラガダユウ」「シラガタロウ」などと呼ぶクスサンは，庭の隅に植えた柿，梨，りんご，栗，クルミなどの樹木をはじめ，野山ではクヌギ，コナラ，ミズナラなどの樹木の葉を旺盛に食害するようすを何度も見掛けた。多数の幼虫が樹木の葉をたちまち食べ尽してしまうクスサンの食欲がいかに旺盛であるか驚きをもって見守った。庭の片隅にある直径20cmほどの「信濃グルミ」の樹は，例年，青々と葉を繁らせ秋には沢山の実をつけた。集団でクルミ樹を移動するクスサンは，一昼夜にして樹の青い葉をすべて食べ尽くし，枯れ木のような状態にしてしまうことから，クスサンの摂食性がいかにどん欲であるかを実感し，クスサン幼虫の食欲がいかに凄いものかが今でも記憶に残っている。

　前述のとおり，クスサンの最終齢の7齢幼虫は8～9cmほどに成長し，緑色の体には長くて白色の毛が密生して体を覆っているため，遠目には白い毛虫のように見える。毒牙に刺されるとの先入観があり，手に取って触ってみようとする気持ちにはならなかった。見慣れないクスサンを見ると，周りの女性友だちは「キャー　キャー」と叫んで嫌がった。

著者がクスサンと初めての出会ったときのお話をしよう。つくば市の研究所（茨城県）に勤務した頃のことである。社宅の前にある学園・西大通りの西側には，松代から榎戸に向う国道408号線が走る。松代4丁目の保健所付近は5月ごろになると，道路両脇に植えられたアメリカフウの樹が幅広い緑葉をつける。アメリカフウ樹の枝には淡暗褐色で網目状の繭がたくさん付いていた。道路上に落ちて細かい砂が付いたクスサン繭を自宅にもち帰った。繭を細かく観察しながら何枚かの写真を撮影したことがある。これがクスサン繭との初めての出合いである。

つくば市の研究所を定年退職して，故郷に戻り信州大学繊維学部の応用生物科学科で教職についてからのことである。繊維学部には，キャンパス内にある繊維学部附属農場の他に，上田市郊外の東御市には大室農場があり，地域社会におけるフィールド科学拠点として実践的な教育と研究を行っている。大室農場に植えてあるクルミ樹にクスサン幼虫がいることを聞いたので，農場に出かけていき長い産毛（5.3(1)）が生えたクスサンをとらえて，飼育観察することにした。体には青色の気門が複数並んでおり，おまけに毛足の長いとげのような細い毛が生えているため，触れると皮膚を刺されるのではないかと心配し，恐るおそる飼育を続けた。数日後，次第に見慣れたためであろうか。はじめは敬遠していたクスサンを解剖し体内から絹糸腺を取り出し，他の野蚕の絹糸腺の大きさと比較したことがあった。見慣れることで，毛嫌いしたクスサンが実験用の貴重な昆虫材料となったのである。

(6) 釣り糸としてのクスサンシルクテグス糸

釣り糸の素材としてはナイロン製などの合成繊維が使用される。合成繊維は強く，価格が比較的に安価であるため釣り天狗には好評である。しかし，釣り糸が丈夫すぎるので環境保全の上から次のような問題が生ずる。合成繊維の釣り糸は，使用後，湖沼や川岸に放置されたままになっていても，微生物で分解できないため，放置された合成繊維の釣り糸が浜辺にやってきた野鳥の脚に絡みついて鳥類の自由を奪ってしまう。目を覆いたくなるような光景に出会うことにもなる。

釣り場では大物の魚がかかっても丈夫で切断することがなく，使用後は自然劣化して分解するテグス素材があれば環境に負荷をかけず，動物保護の視点か

らも問題はない。野蚕から取り出しタンパク質のシルクでつくった釣り糸は環境にはやさしいはずである。釣り糸に合成繊維が使われる前は、クスサン幼虫などから取り出してつくったテグス糸が用いられたころの話である。丸まると太ったクスサン体内から液状シルクを蓄えた一対の絹糸腺を取り出し、魚釣りのためのテグス糸をつくることは古くから知られていた。

　腕白な昆虫少年であった共著者の話を紹介しよう。見慣れる前は、クスサン幼虫に手を噛まれるのではないかとビクビクし、仲間の腕白小僧3〜4人で幼虫を捕まえたことがあった。昆虫に興味をもてるようになると、クスサンを平気で捕まえることができた。嫌がって盛んに身をくねらせて伸び縮みする幼虫を押さえ込み、体内から絹糸腺を取り出す。家庭からもち出した食酢に細長い絹糸腺を漬けてから釣り糸をつくることになった。絹糸腺の両端を2人一組でもち、絹糸腺を引き伸ばすのであるが、どうしても上手に伸びない。それでも何とか糸状にすることができたが、釣り糸と呼べる代物にはならず、まともなテグス糸は1本もできなかった。クスサンは、腕白な子供たちの遊びのための実験に供されてしまったのである。

(7)　テグス糸を製造するための裏技

　クスサンシルクの釣り糸がうまくできなかった理由を探してみよう。40年以上もの間、カイコや野蚕シルクを研究対象として扱ってきたのでテグス糸を調製するための望ましい方法を熟知しているつもりである。テグス糸を上手につくるには、絹糸腺内の液状シルクを少し変性させてからできるだけ速いスピードで引き延ばすことが大切である。そのためには、液状シルクを引っ張る前に、シルクを少し脱水したり凝固させ「シルクをほどほどに結晶化」させるための前処理が必要である。クスサンの体内から取り出した絹糸腺を少し乾燥させるか、食酢やアルコールで軽度な凝固処理をするといいだろう。食酢で浸漬して絹糸腺シルクを引っ張る場合、食酢を作用させる時間が短かすぎるとシルクは繊維化しない。少しだけ長目に食酢あるいはアルコールを作用させシルクを軽く凝固させるのがコツである。次に、凝固したシルクを思い切り早く引き延ばすことが望ましい。シルクを凝固させ、次いで引き延ばす工程で、乱れた分子鎖のシルクの分子形態が分子鎖の方向が揃ったβ構造に変わるため強いテグス糸ができる。シルクの分子形態がβ構造[10]になる度合いは、引き延ばす速

度が速いほど，シルク濃度が高いほど効果的である。共著者が試みたように，2人が離れてそれぞれシルクの端をもらながら思い切り引っ張ったのは，良い方法ではあったが，シルクをほどほどに凝固させるための前処理が不十分であったため，うまくテグス糸ができなかったのであろう。

　食酢に浸漬する時間が不十分であると，クスサンの絹糸腺から取り出した直後のドロドロしたシルクであるため，引き延ばしてもシルクは水飴(みずあめ)のように流動的に伸びるだけであり，引き延ばしの効果が見られない。食酢に浸漬する時間が長すぎると，シルクが凝固し過ぎてしまい，うまく引き延ばすことができず形が不均一な釣り糸になったものと予想できる。繰り返すことになるが，実用に耐えるテグス糸をつくるには，クスサンから取り出した絹糸腺を引っ張る前に，希薄な食酢を短時間作用させるか，液状のシルクが半乾きとなるまで10分ほど待ってから，できるだけ速く引き延ばすのが良い。分子形態がランダムコイルとαヘリックスを含んだクスサンシルクを酢酸かアルコールに浸漬することで構造の一部をβ結晶構造にしておいてから引っ張ることにより，シルク分子を配向をさせることが実用的なテグス糸をつくる裏技である。シルクを凝固させるには，食酢やアルコールによる短すぎず，長すぎない処理が決め手となるはずである。読者の皆さんも，上記の情報をもとにしてクスサンシルクのテグス糸をぜひともつくっていただきたい。

参考文献

8) 塚田益裕；クスサン繭糸の構造的特徴，日蚕雑，**57**(5)，pp. 438-443（1988）

9) 梶浦善太；蚕と野蚕の遺伝資源とそれらの応用，加工技術，**48**(10)，pp. 17-26 (2013)

10) M. Tsukada; Structural changes induced in tussah silk fibroin film by immersion in methanol. J. Poly. Sci. Polym. Phys. Ed., 24, pp. 1227-1231（1986）

V

国内外に生息し今後の利用に注目したい絹糸昆虫

5.4　エゾヨツメ

(1)　エゾヨツメの生活史

　エゾヨツメ（学名 *Aglia japonica*）は，鱗翅目（Lepidoptera），カイコガ上科（Bombycoidea），ヤママユガ科（Saturniidae）に属し，北海道から本州，四国，九州，対馬，屋久島に生息する。エゾヨツメはサクサンやシンジュサン，オオミズアオなどと同じように蛹で冬を越す。本州以南の地域では4月下旬〜5月，北海道では5月下旬から6月中旬ごろに発蛾し，交尾後，食樹に産卵し幼虫が孵化する。幼虫はカバノキ科のハンノキ，カバノキ，ブナ科のブナ，クリ，コナラ，カシワ，カエデ科のカエデ，ニレ科のハルニレ，バラ科のサクラ，アオイ科のオオバボダイジュなど，さまざまな葉を食べて生育する。幼虫の期間は30日前後ぐらいで，この間に4回脱皮し，5齢末期に繭作りをして蛹になる。エゾヨツメは，年1回世代を繰り返す1化性の昆虫で，幼虫の期間が短く，蛹の期間が非常に長いため人目にはつきにくい。一般の人にはなじみが薄く，観察しにくい昆虫である。

(2)　幼虫の特徴

　幼虫の身体は頭部・胸部・腹部などからできている。頭部と胸部の境のことを前胸前縁という。孵化した初齢の幼虫の前胸前縁部位と腹部第二体節には，異様に長い突起がそれぞれ一対，尾部の第8腹節の背面に1本が突き出し，長

い角のように見える。それぞれの長い角の先は二股に分かれて小さな刺のような突起になっている。突起の長さは、若齢ほど長く、およそ体長の2分の1ちかい。壮齢になるにしたがって突起は短くなり、5齢になると小さな瘤状になり、突起らしさはなくなってしまう。突起らしく見えるのは4齢までである。これらの突起は、天敵を威嚇し追い払う役割をもっているのではないかと考えられる。突起の状態を理解しやすいように、エゾヨツメ・1齢幼虫の略図と5齢幼虫の略図を、それぞれ図5.25と図5.26に示した。頭部、前胸前縁の位置を確認していただきたい。1齢幼虫では体から飛び出すような長い突起が5齢のエゾヨツメでは瘤状突起になってしまうようすがこの略図から明白であろう。

　1齢のエゾヨツメの幼虫に2〜3回ぐらい出会った人は、このような突起があるので、手に取って触ることはためらうかもしれない。壮齢のエゾヨツメの体型は、一般に見慣れている緑色をした他の野蚕の体型に似ているが、瘤状の突起の有無でエゾヨツメを見分けることができる。

(3)　エゾヨツメ幼虫の体色

　1齢の幼虫は淡い緑黄色の体色をしている。身体から突き出している各突起は赤褐色の部分と白色がかった部分に分かれており、威嚇を仕掛けているような虫の姿に見える。2齢以降になると体色はだんだんと緑の強い緑黄色になり、普通に見かけるテンサンなどの野蚕と変わりないきれいな色になる。

　熟蚕幼虫の体色は赤褐色へと変わり行動も活発となり、落ち葉の隙間や枝の間で繭づくりを始める。この幼虫が作る繭は網目状で、クスサンやクリキュラ

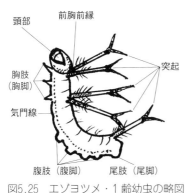

図5.25　エゾヨツメ・1齢幼虫の略図

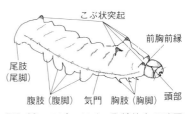

図5.26　エゾヨツメ・5齢幼虫の略図

の繭に類似している。しかし，繭糸の吐糸量は少なく，繭殻は貧弱であるが繭糸は硬くて丈夫である。繭色は焦げ茶色，赤褐色，黄褐色など微妙な違いが見られる。雄蛾の色合いと翅の色調は，黄褐色ないしは淡黄黒褐色であり，前翅と後翅には2個ずつ合計4個の青灰色ないしは青紫色の特徴ある眼状斑紋がある。眼状斑紋は前翅の斑紋よりも後翅の斑紋の方が大きい。見る角度によって斑紋は美しい青色に輝き，昆虫がつくり出す芸術に魅了させられてしまう（図5.27-2）。昆虫マニアの虜（とりこ）になる蛾として知られているのが，エゾヨツメの成虫である。

　エゾヨツメの名称は，北海道（北海道の古称は蝦夷（えぞ），蝦夷地）で初めて発見されたことと，蛾の眼状斑紋が「四つの目」に見えることから，エゾヨツメの和名になったようだ。北海道に生息するエゾヨツメ蛾は，本州以南のものよりもやや小型である。羽化した蛾は，日が暮れるとすぐに灯火に飛来する性質がある。しかし，そうじてすべての蛾が灯火に飛来するわけではない。北海道では通常，平地から山地に至る広い地域で観察できるが，本州以南では，山地にだけ生息する。北海道以外では，なかなか出会う機会が少ない昆虫である。海外では樺太（サハリン）に生息する。

⑷　エゾヨツメ蛾の翅

　大型絹糸昆虫の蛾の種を特定するには，翅の形，大きさ，色合い，そして眼状斑紋の有無などを細かく観察する必要がある。エゾヨツメの雌蛾が図5.27-1である。エゾヨツメの雌蛾の翅色（図5.27-1）は，翅裏であるため一見すると

図5.27-1　エゾヨツメ（雌蛾）

図5.27-2　エゾヨツメ（雄蛾）

テンサンなどの蛾の翅色と類似しているように見えるかもしれないが，翅色や眼状斑紋だけで大型絹糸昆虫の種を同定することはできない。種を特定するには，なんといっても見なれた『眼力』がたよりになる。エゾヨツメ蛾の前翅と後翅には，それぞれ一対の「青灰色」ないしは「青紫色」の眼状斑紋が見えると前述したが，エゾヨツメ蛾の前翅にある眼状斑紋は小さく，その中央には小さい白色の点がある（図5.27-2）。後翅にある一対の「青紫色」の眼状斑紋は，前翅の眼状斑紋より2倍以上も大きい。後翅にある眼状斑紋の周りは，はっきりとした濃黒褐色の縁取りが，中央には「薄青紫色」の斑紋がある。エゾヨツメの種を特定するには，斑紋の大きさと色合いを見逃さないことが大切である。大型絹糸昆虫の蛾の翅色や眼状斑紋は，一般の人には同じように見えるかもしれないが，見慣れた専門家には，微妙な違いが識別できる。眼状斑紋の微妙な違いを見分けて蛾の種を特定するには，数多くの大型絹糸昆虫の蛾を何度も詳細に観察しながら，翅の特徴を見慣れることが何よりも重要である。

(5)　昆虫を見慣れることのすすめ

　話題は変わるが，専門外である著者が対象物を注意深く観察しなかった経験談を紹介しよう。この観察に供したのはカイコの病気として大変恐れられている微粒子病の微粒子胞子検査を観察する上での失敗談である。見慣れないことが原因であったが，病原体の微粒子病原虫をもつ母蛾から体内卵に伝染する微粒子病胞子の微妙な形の違いを理解できなかったことの失敗談でもある。

　農林水産省蚕糸試験場に勤務していた頃，カイコの病気の原因や病気の診断を確定する病理学を専門とする気が置けない同僚がいた。彼の研究対象は蚕病の原因となる微胞子虫類・ノゼマ科・ノゼマ・ボンビシス（*Nosema bombycis*）である。これがカイコに寄生すると，カイコはたちまち罹病して全滅してしまうほど，養蚕農家には怖がられている蚕病である。病気に感染したカイコの皮膚には黒褐色の斑点が現れる。養蚕が盛んであったイタリア，フランスをはじめヨーロッパ全土を襲い，養蚕業を短期間で全滅させる程の感染力をもつ怖い蚕病が微粒子病である。微粒子病胞子の形は，長径3〜5μm，短径1.5〜2μmほどの小さく細長い楕円形をしており，光学顕微鏡でも十分に見ることができる。大きさはほぼ同じであっても，微粒病胞子の楕円率が若干違っただけで病原性が大きく異なるので，顕微鏡観察では，微粒子病胞子の楕円率の微妙

な違いを決して見逃してはいけない。カイコの病理が専門の同僚の研究室には，養蚕業が盛んな県からの研修生がやってきて，顕微鏡で微粒子病胞子を見分ける方法を何日も繰り返して指導を受けた。微粒子病胞子の形態を見慣れることで，病原性に関わる微妙な形態の違いがわかるようになる。専門分野が異なる著者は，同僚から顕微鏡で微粒子病胞子の見分け方を何度も説明され，顕微鏡で繰り返しこの胞子を見せられても，どうしても微妙な形態の違いを見分けることができなかった。微粒子病胞子を見慣れるまでは，さらに回数をかけて，ただひたすらこの胞子を観察する必要があったのであろう。

　エゾヨツメ蛾の翅色や眼状斑紋に微妙な差があることを先に説明したが，微妙な差異を見慣れないと，蛾の種の違いには気付かないため，細かい観察を怠ってはいけなかったのである。写真愛好家は，撮影対照の形と色に特別に強い関心をもっているので，翅色や眼状斑紋などの微妙な差はすぐに見分けることができる。各種の絹糸昆虫を見分けるために必要なことは，繰り返してよく観察し，特徴を把握することが何よりも大切である。

5.5 アナフェ

(1) アナフェの大型繭

　アナフェは，アフリカ原産のシャチホコガ上科（Notodontoidea），ギョウレ
ツケムシ科（Thaumetopoeidae）に属する2化性の絹糸昆虫である。アナフェ
はアフリカやマダガスカル島に生息しており，その種類は8種以上あるといわ
れているが，正確な種数は未定である[12]。アナフェ（*Anaphe*）がつくる巨大
な大型繭（図5.28）をまず紹介しよう。カイコ幼虫の繭づくりでは，1頭のカ
イコは1個の繭をつくる。例外的に2頭まれには3頭が一緒に営繭して通常の
繭より大きい同功繭（玉繭）をつくることもある[11,12]が，アナフェが集団でつ
くる大きな繭は，ラグビーボールほどもありビックリするほどの大きさであ
る。

　カイコがつくる同功繭を煮繭して糸口を探そうとしても，繭層の繭糸が絡み
合っているため，糸口は見つからず，同功繭を自動繰糸機にかけて繭糸を繰る
ことができない。同功繭は，選除繭として真綿用の繊維素材にすることにな
る。カイコの繭に同功繭が混じる割合は戦前では数％程度[13]であったが，営繭
時の上蔟法が改良されるようになった戦後では，0.1％以下にまで減少した。
カイコの中で，例外的ではあるが沖縄諸島の地域のカイコ品種「琉球多蚕繭」
がつくる繭はすべてが同功繭になることが知られている[13]。同功繭が出現する
割合は，蚕品種の遺伝的な特性によって決まる。紬織物の素材には，同功繭

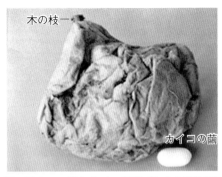

図5.28　アナフェ繭とカイコの繭（シルク博物館所蔵）

V　国内外に生息し今後の利用に注目したい絹糸昆虫

を多くつくるカイコを飼育することが好都合であるとされている。このような要望に応えて同功繭をつくる蚕品種が育成されている。

(2) 超大型繭をつくる絹糸昆虫アナフェ

　複数のカイコが1個の繭をつくることを上述したが、アナフェは想像を超えるほどの数多くの幼虫によって超大型の繭をつくる。何百匹もの幼虫が集団で営繭して帽子やラグビーボールほどの大きい大型繭（巨大繭巣）（図5.28）をつくる話を紹介しよう。アフリカのウガンダ共和国やザイール共和国などには、鱗翅目・シャチホコガ上科、ギョウレツケムシ科に属し、大型繭をつくるアナフェ モロネイ（*Anaphe moroneyi*）やアナフェ パンダ（*Anaphe panda*）、アナフェ インフラクタ（*Anaphe infracta*）などが生息している。イチジク属のブルデリア葉など20種類以上の植物の葉を食べ異常に大きい繭をつくる。アナフェがつくる大型繭は遠目では一見、クチャクチャに丸めた紙製の帽子のように見える。アナフェは、上述したようにサクサン、テンサン、ムガサン、ヒマサン、エリサン、あるいはヨナクニサンなどとは異なる科に属する昆虫である。

　上記のとおり、社会性昆虫のアナフェ幼虫は、単独では繭をつくらず、数頭から数百頭もの幼虫が共同作業で巨大な繭をつくる。アナフェがつくる繭は、和紙を固めたように皺が付いており、帽子や物入袋に見えてしまう。大型繭（図5.28）の左上には、木の枝が付いている。このことから樹木の細枝にぶら下がって営繭した繭であることがわかるだろう。アナフェ幼虫が共同作業でつ

くった繭の中では個々の幼虫が別々に繭をつくる[12]。アナフェの幼虫は，大き
さが約20 cm ×約12 cm ほどもあるので大人の帽子あるいはラグビーボールぐ
らいの大きい繭をつくる[12]。シルク博物館（横浜市）に展示されているアナ
フェの繭（図5.28）は，日本野蚕学会会長の赤井弘がウガンダの農林部長から
入手して同館の展示品として提供したものである。

　アナフェ繭の大きさがわかりやすいように，アナフェ繭とカイコの繭を並べ
て撮影した写真が図5.28である。ヒトの頭に小さな可愛いシジミ蝶1匹がと
まったような大きさの違いを感じるであろう。赤井弘がこのアナフェ繭の提供
を受けたウガンダの農林部長によると，写真のアナフェの種は，アナフェ　イ
ンフラクタあるいはアナフェ　パンダのいずれかであるとのことであるが，正
確な学名は不明のままである。したがって，ここではアナフェとだけ略記して
おくことにした。

(3)　アナフェの繭層

　超大型のアナフェ繭の外部繭層は緻密な構造をしているが，内部では，微細
な繊維が絡みあっている（図5.29）。繭殻の硬さは，繭の外層，中層，内層で
は異なり（図5.29）[12]，外層の繭層は柔らかく，内層になるにつれて繭層は次
第に硬くなり，最内層は，非常に硬いとのことである[11,14]。繭層部位によって
硬さが違うことは，最外層は綿状の毛羽量が多く，内層ほど繭層構造が密とな
り硬くなることを意味する。アナフェの幼虫は集団で丁寧にキッチリと繭層づ
くりをしているらしく，繭層は全体的には緻密で硬い。図5.28に示したアナ

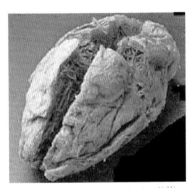

図5.29　アナフェモロネイの繭[11]

フェ繭の「毛羽」にあたる最外層は，繭づくりの足場繭糸として集団で吐糸したものである。

シルク博物館に展示してある帽子サイズのアナフェ繭を同館に訪問する小学生に見せて，この大きな繭は，「外国で見つかったカイコの仲間の繭」だと説明すると，学生たちは声を出して驚きをあらわにする。

(4) アナフェの繭糸

図5.28のアナフェ繭（約20 cm ×約12 cm）の重さは400 g ほどである。アナフェ繭の繭糸量とカイコの繭の繭糸量とを比べてみよう。1.9～2.0 g ほどの重さのカイコの繭の繭長は約3.2 cm，繭幅は1.9 cm ほどである。このカイコの繭をアナフェ繭に比べるとごみのように小さく見える。着物織物1反をつくるには，1.9 g ほどの重さのカイコの繭であれば，約2,600粒が必要となる。カイコの繭の生糸量歩合を考慮すると，カイコの生糸が約910 g ほどあれば，着物1反ができる計算になる。アナフェの繭には，蛹の脱皮殻や木の細枝などの夾雑物が含まれるが，これらを加えた重さを無視すれば，アナフェの大型繭が数個あれば，薄地の絹織物1反が製造できる計算になる。

(5) 社会性昆虫のアナフェ

卵から孵化したアナフェ幼虫はいつも集団で行動して生育する。また，先に述べたように，アナフェは数十頭から数百頭の幼虫が共同して1個の繭をつくり上げるので，まさしく社会性昆虫である。アナフェと同様に集団生活をする

図5.30-1　柿の葉を食害するアメリカ
　　　　　シロヒトリ

図5.30-2　アメリカシロヒトリの巣網
　　　　　（幼齢幼虫）

昆虫がいる。その一つが，チョウ目ヒトリガ科あるいはトモエガ科の蛾のアメリカシロヒトリである。長い白毛で覆われ，成虫は白色で褐色斑がある（図5.30-1）。この幼虫は幼齢期にいっせいに細い繊維を出して集団で繭をつくる（図5.30-2）。7～8月ごろ，さくら樹，クルミ樹や柿樹など100種以上の植物の葉を綺麗サッパリ食べ尽くしながら集団生活をする（図5.30-2）。アメリカシロヒトリ幼虫は，幼齢期には，葉や細枝を綴るようにしながら中が透けて見える薄いネット状の巣網を形成する。巣網を急に振り動かすと何百匹もの幼虫がいっせいに同期するかのように，同時にあちこち方向を変えながら，動き回るようすはなんとも気味が悪い。

(6) アナフェの絹糸構造とアミノ酸分析

いろいろな野蚕絹糸の化学構造が解明され，カイコの絹糸の化学構造との比較が可能となった。サクサンやテンサンなどの野蚕絹糸の結晶構造の主要なアミノ酸連鎖は，–Ala-Ala-Ala-Ala-Ala–であるのに対して，カイコ絹糸の結晶構造は–Gly-X-Gly-X-Gly-X–から構成される。ここで Ala，Gly は，それぞれア

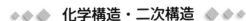

Column ◆◆◆ 化学構造・二次構造 ◆◆◆

タンパク質繊維の絹糸や羊毛は18種類ほどのアミノ酸から構成されている。タンパク質繊維の理化学特性は，試料を構成するアミノ酸の種類とアミノ酸の配列順序（化学構造，一次構造）で決まる。10 mg 程度の試料があれば，アミノ酸分析が可能である。

アミノ酸のおよその分析法は次のとおりである。タンパク質繊維に6 M 塩酸を加え，酸化防止のため窒素などの不活性気体下で加熱しながら24時間還流すると，タンパク質繊維のペプチド結合が加水分解されて数多くのアミノ酸になる。それをアミノ酸分析することにより，繊維を構成するアミノ酸の組成がわかる。アミノ酸の配列で決まる立体構造が二次構造である。タンパク質を赤外分光分析（IR）あるいはフーリエ変換赤外分光分析（FTIR）することにより，タンパク質の分子形態である α-ヘリックスや β 構造などに特有な吸収の波数位置が確認でき繊維の分子形態がわかる。タンパク質繊維の基本的な分子形態は，分子鎖がらせん状に繰り返される分子形態が α-ヘリックスと，α-ヘリックスを十分に引き伸ばしたときに形成される β 構造であり，分子形態が乱れたランダムコイルである。

ラニン，グリシン，Ｘは，アラニンあるいはグリシン以外のアミノ酸である。絹糸の結晶構造には種の特異性が観察される。野蚕絹糸の結晶構造はポリ-L-アラニンからできていることになるので，野蚕絹糸の理化学特性は，モデル物質としてポリ-L-アラニンを用いて解析することができる。野蚕絹糸とポリ-L-アラニンの熱分解温度はともに360℃ほどである[15]。

　アナフェ繭糸のアミノ酸組成や結晶構造は，ヤママユガ科に属するテンサンやサクサン絹糸の特性と類似しているはずであるが，解析結果は全く知られていない。アナフェ繭糸の詳しい構造や機能特性がわかれば，現時点では未利用資源であるアナフェ繭糸の新しい産業への応用が可能となるだろう。アナフェ繭糸の特性が，ヤママユガ科に属する野蚕絹糸と同一かどうかぜひ知りたいものである。僅か数十 mg ほどのアナフェの繭糸が入手できれば，アミノ酸分析が可能となり，他の野蚕絹糸の化学構造の類似性が論議できるだろう。その結果，産業への応用に向けての可能性に弾みがつくはずであろう。横浜のシルク博物館（横浜市）に巨大なアナフェ繭が展示されてはいるが，展示品であるため，たとえ研究が目的としても，試料の一部であっても一般のヒトには入手できないことは残念である。アナフェ繭糸を産業材料として広く応用するために，僅かな繊維試料を提供していただくことはできないのだろうか。

参考文献

11）赤井弘，加藤弘；地球上の野生シルク資源，http://sanshi.my.coocan.jp/pdf/102.pdf
12）赤井弘；社会性の巨大繭巣，〜アナフェ，スゴモリシロチョウ，ステゴダイファス〜，佐藤印刷，pp. 1-26（2016）
13）横山岳；蚕の夫婦は仲が良い，シルクレポート，**5**，pp. 14-17（2015）
14）赤井弘（私信）
15）M.Tsukada, M.Nagura, H. Ishikawa: Structural changes in Poly-L-Alanine induced by heat treatment, Jouranal of Polymer Science, Part B, Polymer Physics, 25, pp. 1325-1329（1987）

5.6 アゲマ ミトレイ

(1) アゲマ ミトレイの生活史

　アゲマ ミトレイ（*Argema mittrei*）は，カイコガ上科，ヤママユ科に属する。マダガスカル語でランディ・ボラ（Landi-vola）と呼ばれるアゲマ ミトレイは，銀のカイコを意味する絹糸昆虫であり，マダガスカルのアンバンジャ地，ムラマンガ地方，アンブシチャ地に生息する野蚕である。マダガスカルはアフリカ大陸の南東約400 km，インド洋南西部に位置する約58万7,000平方キロメートルの島で，絹糸虫の宝庫として知られる。アゲマ ミトレイとは別種であるが，世界で最も美しい蛾の一種といわれている「ニシキツバメガ」もマダガスカルの固有種である[16]。

　木本植物のルチャやヴァイ，アダブを食樹にするアゲマ ミトレイは2化性で，年に2回世代を繰り返す。産卵から孵化までは1～2か月，孵化から蛹化，蛹化から羽化までは，それぞれ約1か月を要する。生息場所が違うと若干異なるが，雨季に1世代，乾季に1世代を送る。終齢幼虫は10 cmぐらいの大きさにまで成長する[17]。終齢幼虫の体色は，テンサンやサクサンと似た緑色であり，幼虫の皮膚には非常に短い産毛が生えている。

　熟蚕期の幼虫は，食樹であるルチャなどの小枝や葉を利用して繭づくりをする。繭中で幼虫から変態した蛹は，透き通るように美しい緑色であるが，その後，黄色に，そして茶褐色へと変化する。羽化は午後11時ごろからはじまり，

Ⅴ

国内外に生息し今後の利用に注目したい絹糸昆虫

約4時間後の午前3時ごろには美しい成虫の姿になる[17]。

(2) 撮影できたアゲマ ミトレイ繭

　マダガスカルに生息するアゲマ ミトレイの幼虫と，その昆虫がつくる繭を日本国内で見ることは不可能である。共著者がこの希有な種の繭にお目にかかった経緯を紹介しよう。長野県須坂市でシルクサミットが開催されたときのことであった（2009（平成21）年10月）。サミットに参加していた日本野蚕学会長の赤井弘が会場の出席者に見せてくれたのが美しい銀色（シルバー色）の実物のアゲマ ミトレイ繭であった（図5.31）。珍しい色調の野蚕繭はアゲマ ミトレイの繭の他に，会場では見ることができなかったが黄金に輝くクリキュラ（4.2(3)）繭がある。アゲマ ミトレイがつくる銀色の繭は，繭層の組み立てが緻密でなく，粗い編み目を目視することができる。繭層の所々には，繭糸が乱れ，裸眼でもはっきり見える数mmほどの小さい穴（小穴）が確認できる。小穴ができるのはこの幼虫の特異的な吐糸行動によるものであろう。たとえば，営繭する足場，営繭運動，そして吐糸挙動と関連があり，繭層のある箇所では網目をつくらず，別の箇所では繭層に網目を形成するという吐糸法によるものであろう。あるいは，アゲマ ミトレイが吐糸する際，一定の場所にとどまったり，他の場所では微妙に動き回りながら営繭作業をすることと関係するのかもしれない。カイコが吐糸するには，営繭場所を定めることなく，絶えず動き回りながら規則的に吐糸するため，カイコの繭には網目状構造が見られず，繭層は均一で緻密である。ちなみに，アゲマ ミトレイの繭に見られる小

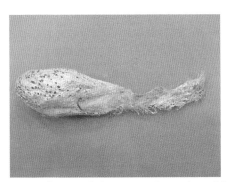

図5.31　繭表面に小孔のあるアゲマ ミトレイ繭

穴とサクサン絹糸の繭糸断面に観察できる微細孔（極めて小さなボイド）（3.3 (9)）とは，大きさのオーダーが全く異なることに注意していただきたい。

アゲマ ミトレイの繭を共著者がシルクサミットで見たことは先に述べた。シルクサミットでは多くの参加者が大変に関心をもってこの銀色の繭を眺めたはずである。共著者は，シルクサミットの会場で赤井弘にお願いして，机の上にとっさに拡げたコートにこの繭1粒を置いて1枚だけ写真撮影をさせていただいた。後日談となるが，アゲマ ミトレイの繭の写真（図5.31）を拙著に掲載する許可を赤井弘からいただいたのはシルクサミットの12年後のことである。なお，赤井弘の共同研究者である杉本星子が寄贈したアゲマ ミトレイの繭はシルク博物館（横浜市）に所蔵されているのでご覧いただきたい。

(3) アゲマ ミトレイの繭層構造

赤井弘が執筆したアゲマ ミトレイの「プラチナ繭 アゲマ」の著書[17]では，この幼虫がつくった銀色の繭をプラチナ繭と呼んでいる。アゲマ ミトレイの繭表面の走査型電子顕微鏡（SEM）写真が彼の著書に掲載されている。この昆虫の繭糸のSEM写真を見て驚いた。それは，アゲマ ミトレイ繭糸の表面のSEM写真が，かつて著者が観察した野蚕であるクスサン繭糸の形態[19]（図5.32，図5.33）とあまりにもよく似ているからである。こうした繭糸の形態的な特徴は，アゲマ ミトレイが所定位置にとどまりながら吐糸をすることが多いためによるものである。同じ位置で何度も吐糸を繰り返し，繭層が網目状となり繭糸間に目で見えるほどの空隙が生じたのではないだろうか。網目状の繭

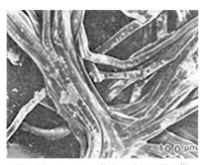
図5.32　クスサン繭糸のSEM写真[19]

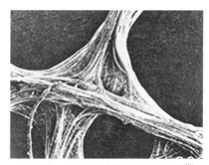
図5.33　クスサン繭糸のSEM写真[19]

糸をつくる野蚕は，アゲマ ミトレイ以外にはクリキュラ，クスサンなどがある。

　測定した個数が少ない事例なので，代表値を紹介することは厳しいが，アゲマ ミトレイ繭，テンサン繭，そしてカイコ繭の特性を比較したものが表5.1である。アゲマ ミトレイ繭の長さ（繭長径）は約11 cm，繭短径（繭幅）4.5 cm であり[17,18]，その繭の長径と短径は，テンサン繭の長径と短径より2倍ほど大きい。アゲマ ミトレイの繭層，繭層重は，テンサン繭重，繭層重の2倍ほど重く，アゲマ ミトレイの繭重と繭層重は，カイコの繭重の8倍，繭層重の2.4倍ほどの重さである。

(4)　アゲマ ミトレイの繭はなぜプラチナ色を発するのか

　カロテノイドやフラボノイドなどの色素を含む植物の葉をある種のカイコが摂食すると，緑，笹，黄色，紅色などの色が付いた繭をつくる。色付き繭を精練すると繭色は次第に淡くなるのは，色素は絹糸表面のセリシンに局在しているためである。

　カイコと同様，野蚕の繭には地味な色が付いたものが多い。ヒメヤママユの節で見たとおり，野蚕絹糸は薄茶褐色や黒茶褐色に着色しているものが多い（4.6(2)）。クリキュラ繭（4.2）は黄金のように輝き，アゲマ ミトレイ（5.6(2)）繭はプラチナ色（銀色）に見える。

　野蚕のアゲマミトレイの繭色と同じように，天然界にはプラチナ色やゴールド色を放つ昆虫がいる。NHK テレビ番組（E テレ）で，カマキリの着ぐるみ

表5.1　野蚕とカイコの繭特性

	繭長径，cm	繭短径，cm	繭重，g	繭層重，g	蛹重，g
アゲマ ミトレイ[*]	11	4.5	16.5	1.2	15.8
テンサン[**]	4.4	2.2	6.09	0.54	7.3-5.4[***]
カイコ	3.5	2.1	2.05	0.5	1.9-1.5[***]

出典：
*：17,18)
**：19,20)
***：21)

167

を頭に被る「カマキリ先生」の香川照之が昆虫の話をおもしろく紹介する『香川照之の昆虫すごいぜ！』（夏の昆虫祭り，コスタリカ編）（2021年8月28日）を見た。プラチナコガネがテーマであり，中南米にはコウチュウ目コガネムシ科に属する昆虫の翅がプラチナに輝くプラチナコガネやゴールド色のコガネがいるとのことである。

　ところで，プラチナコガネの翅色や本章で説明したアゲマ ミトレイ繭はなぜプラチナ色やシルバー色に見えるのかは不思議である。思いつきであるが，あれこれ推測することにした。アゲマ ミトレイの繭糸やプラチナコガネの翅にシルバー系やプラチナ系の色素が含まれないことは確かである。考えられる仮説としては，これらの昆虫の繭糸や翅には，超微細で規則性のある凹凸構造があり，光の干渉を起こすためではないだろうか。光の干渉で発色する例としては，北アメリカ南部から南アメリカにかけて生息する大型のチョウの仲間のモルフォ蝶の翅色がある。ブラジルで開催された国際昆虫学会（2000年8月）に出席したときに購入した土産物が額入りモルフォチョウ（図5.34）である。見る方向を少し変えただけで光の干渉が起こりモルフォチョウの翅色が鮮やかなメタリックの青色から薄黒く濁った色に大きく変化する。干渉は，シャボン玉の超薄皮膜が虹色に輝くのと同じ原理である。シャボン玉がいろいろな色に輝くようすを見たことがあるだろう。膜自体に色が付いているのではなく，表面と裏面との極めて薄い膜の境界で反射された光が互いに干渉し，反射光がときには増強し，あるいは弱まることで起こるのが干渉である。別の言葉で表現すると，さまざまな波長からなる白色光が超薄膜に入射すると，光の干渉によ

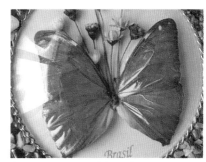

図5.34　モルフォチョウの翅（方向により色彩が変わる）

り特定の波長（色）が強くなり，他の波長は弱くなるのである。

　プラチナコガネの翅には何らかの超微細で周期的な構造があるかどうかは次のような俄実験で確かめられるだろう。まず，アゲマ　ミトレイの繭糸の少量とプラチナコガネの翅の１片を入手することからはじめることにしよう。

①　繊維状試料や翅を機械的にμオーダーで剥ぎ取り，試料表面の色調を観察する。色調変化があれば，試料表面で光が干渉するためであると推定できる。

②　試料の一部をアルカリ水溶液に入れ時間を変えて精練する。この過程で色調が変わるかを調べる。精練時間を変えるとアゲマ　ミトレイの繭色が次第に薄くなるようであれば，繭糸表面の極浅い部位での微細構造が干渉にかかわるものと考えられる。

③　プラズマ処理で表面に親水基などを入れると，表面の微細形態が破壊し繭の色彩変化が起こるかもしれない。色調が消失すれば光の干渉が原因と考えられる。

④　絹糸のシルバーやゴールドの色は，試料表面にある超微細な凹凸構造にもとづく干渉だと仮定すると，走査型電子顕微鏡（SEM）や電界放出型走査電子顕微鏡（FE-SEM）で試料表面を観察し，試料断面を透過型電子顕微鏡（TEM）で調べる。極めて微細で規則的な凹凸構造があれば，光の干渉でアゲマ　ミトレイ繭が銀色に輝くものと推測できる。

　ただし，アゲマ　ミトレイの繭糸とプラチナコガネの翅には光の干渉を起こす形体的な構造があるとしても，上記４つの実験だけでは十分な証明ができたことにはならない。プラチナ色を発しないアゲマ　ミトレイ以外の野蚕の繭あるいはプラチナコガネではない普通に見かけるコガネの翅には干渉に影響をおよぼさない微細構造がないことを確かめることが重要である。

　仮に，光の干渉によってアゲマ　ミトレイの繭がシルバーやゴールドに輝くとしても問題は残る。なぜアゲマ　ミトレイの繭色がプラチナ色なのか，なぜプラチナコガネの翅がシルバーに輝くのか，生物学的な意味を明らかにする必要性は依然として残るだろう。

⑸　アゲマ　ミトレイ蛾の翅と繭利用

　本虫の和名は「マダガスカルオナガヤママユ」といわれている。この和名か

169

らもわかるように成虫の後翅の尾状突起は非常に長く，世界中の昆虫ファンや外国観光客の間で人気がある。展翅された成虫は，銀色をした美しい繭と一緒に標本箱に納められ，みやげ品として販売されている。マダガスカルで蛹から成虫が羽化する希少な機会に立ち会った中島一豪によると，尾状突起の非常に長いアゲマ ミトレイが羽化するのは午後11時ごろから午前3時ごろとのことである[16,17]。

　アゲマ ミトレイの絹糸は高級絹繊維製品のための衣料素材として注目されはじめている。マダガスカルでは当該昆虫の生息数が非常に減少しており，生物資源保護の立場から大変に危惧されている。この原因は標本業者が販売目的でアゲマ ミトレイを乱獲したり，農業目的による野焼によって植樹が減少するためである。さらに，燃料確保の炭焼きのために森林伐採により食樹が減少していること，外来生物である野鳥のインドハッカがアゲマ ミトレイを捕食することなども原因になっている。

参考文献

16) 伊藤年一：「大自然のふしぎ　昆虫の生態図鑑」，学習研究社，pp. 22-23（2003）

17) 赤井弘，檜山佳子，中島一豪，杉本星子：「プラチナ繭　アゲマ ミトレイ」，佐藤印刷つくば営業所，pp. 1-43（2019）

18) 赤井弘，檜山佳子，中島一豪，杉本星子：プラチナ繭　アゲマ，Int. J Wild Silkmoth & Silk 20・21, pp. 63-87（2017）

19) 塚田益裕：クスサン繭糸の構造特性，日蚕雑，**57**(5), pp. 438-443（1988）

20) 高林千幸：繭の製糸，天蚕，（赤井弘・栗林茂治編著），サイエンスハウス，pp. 190-205（1990）

21) 栗林茂治，生活史，天蚕（赤井弘・栗林茂治編著），サイエンスハウス，pp. 8-17（1990）

5.7 魅力ある野蚕利用の展望

　カイコや野蚕に由来するタンパク質繊維は，これまで主として衣料用に用いられてきたが，今後は，野蚕がもつ優れた多様性の機能を追究し，産業への応用を目指して開発研究に取り組む必要がある。野蚕が備えている特異的な機能を追及する上で，飛翔性，行動力あるいは，蛹休眠性の分析と解明が課題となるであろう。このような優れた機能が科学的に解明できれば，将来，昆虫モデルシステムを構築するため，あるいは後述のバイオミメティクス（6.3(9)）のための探求が可能となるだろう[22]。野蚕シルクへの関心度は高まっているので，機能性タンパク質を継続して探索することが望まれる。

　カイコの歴史は，中国の遺跡から繭糸の断片が見つかった6000年ほど前にさかのぼるとされているが，野蚕絹糸が古墳や遺跡で見つかったとの報告はないため，歴史をさかのぼっても野蚕絹糸の利用の実態を確かめることは容易ではない[23]。ただし，日本全域に分布し人々に愛されてきた野蚕は，テンサンであり，その絹糸は古くから衣料用途に利用されたに違いない。

　テンサン絹糸の利用を記述した資料は，平安時代に初めて著されたといわれるが，明確な出典があるかどうかは不確かである。鎌倉時代以降もテンサン関連の資料は見当たらなかったが，江戸時代になってようやく関連する文献が散見されるようになった[23]。

(1)　進展する野蚕研究

　テンサン，シンジュサンあるいはサクサンを研究対象とする学会発表の件数は19世紀半ば以降，次第に増大した[24]。1850（嘉永3）年までは野蚕関連の論文数は僅かであったが，その後30年ほどの間に急激に増加することになった。ヨーロッパでは，カイコへの伝染性が極めて高い微粒子病がまん延し，生糸生産量が減少した。養蚕業が低迷する一方，野蚕関連の論文数が急に増加したことになる。これは，微粒子病対策として世界中から野蚕を探し集めて馴化し，カイコの代わりに利用したり，野蚕同士あるいはカイコと野蚕とを交配する試みを通して強健なカイコをつくり出そうとする研究動向の現れによるものである[24]。

(2)　野蚕由来の新規素材

　野蚕幼虫はカイコ幼虫に比べると，飼育環境の温度や紫外線照射の影響を受ける機会が多い。たとえば，野蚕のオオミズアオのように落ち葉の中で木の枝や葉を綴って営繭し，飼育環境では病原性微生物にさらされながら生存する宿命を担う絹糸昆虫がいる。野蚕は厳しい外部環境に耐えるよう，抗菌性物質を産生するように生物的な進化を遂げたのであろう。カイコの繭あるいは野蚕絹糸に由来する抗菌性などの機能性物質（3.1(27)）を今後も探索することで，微生物や抗ガン活性の制御が可能となる新素材開発の可能性が見込まれる[25,26]。

V

国内外に生息し今後の利用に
注目したい絹糸昆虫

 **発達した養蚕業の顛末**

　江戸時代の養蚕・製糸読本ともいえる蚕書には，喬木（きょうぼく）からの桑収穫やカイコの飼育，繭から簡易な道具で糸を繰り，織物を織る方法などの記述がある。時代の流れとともに，桑園管理や飼育技術などの技術が発達し，現在は機械による桑園管理をはじめ飼育面での飼育装置化，人工飼料育技術の確立などによる近代養蚕の時代を迎えた。しかし，国内の養蚕業は他産業の目指ましい発達とは裏腹に衰退してしまった。一方，最近の蚕糸科学面では新しい分野へ広がりが見られる。これを機に新しい蚕糸の構築が強く望まれる。

(3)　特異的機能の研究

　生命が誕生して以来，40億年の進化過程を経た多くの昆虫は，未だ同定され
ない種を含めると100万種以上が地球に存在するといわれる。高緯度の寒冷地
はツンドラから，温帯，熱帯，そして乾燥地の砂漠においても，昆虫は環境に
見事に適応しながら，したたかな進化を遂げている[25]。

　野蚕やカイコが進化を続けながら，多様な環境下で生き延びる過程で絹糸昆
虫が身に着けたサバイバル的な機能を科学することは興味ある研究課題であ
る。こうした特異的な機能を追究することが，衣料分野をはじめ他の産業分野
に波及できる技術開発につながるに違いない。

　拙書を一読していただくことで，絹糸昆虫のおよその生活史が理解でき，野
蚕やカイコの機能と，これらの絹糸昆虫に由来する機能性素材（3.1(26)）の利
用技術の開発につながる知見へのヒントが得られれば幸いである。そのために
も，カイコや野蚕の卵幼虫，繭，蛹，蛾に関する知識と情報を詳しく知ってい
ただくことで，昆虫の利用研究への新たな突破口が開かれることを希望した
い。

(4)　果てしない野蚕の魅力

　ヤママユガ科の絹糸昆虫に由来する有用な新規物質が次第に明らかになり，
野蚕を用いた昆虫工場の展望にも関心が寄せられている。昆虫工場とは，多量
飼育技術やインセクト・ファクトリーシステムを構築することにより，カイコ
などの昆虫に由来するインターフェロンなどの有用物質を大量に生産するシス
テムを意味する。野蚕を宿主とするバキュロウイルスベクター系の基礎研究[27]
と実用化を目指した研究が進んでいる。タンパク質生産特性では優れた野蚕ベ
クター系であるが，既存のベクター系（AcNPV）の優位性にはおよばないた
め，これからは，野蚕ベクター系の利便性を高める方向で，今後も成果が出る
であろう[27,29]。

　カイコを用いてインターフェロンや生体適合物質を作り出す技術が実用化さ
れており，カイコの絹糸と同様，野蚕絹糸の生化学的な機能を究明しながら有
用物質の創製にも期待することができる。野蚕ならびにカイコを昆虫工場の対
象昆虫としながら，新規な有用物質の創製が今後も進むに違いない。

　同一宿主であればウイルスに対する野蚕の耐病性はほぼ同じである場合が多

い。したがって宿主を変えることで相互感染性が異なるかもしれない。宿主を選択し，あるいは宿主を組み合わせることにより，野蚕のウイルス耐病性を変えながら昆虫工場[29]の研究を展開させることは魅力ある研究課題である[28]。なお，こうした取り組みを進める際には，不注意に野外昆虫に感染させるようなことは絶対に避けなければならないことに留意しておきたい。

　野蚕の産業への新規応用について簡単に触れておきたい。先に述べたように，蛹休眠するシンジュサン（4.4）は，脳ホルモンのボンビキシンや前胸腺刺激ホルモンのアッセイ[29]に利用される昆虫であり，昆虫工場[27,29]に関連する成果に加えて，医薬品への応用が期待できる。昆虫工場の進展と相まって，昆虫学，生化学，医学，工学の領域を併せもつ学際領域での総合的な研究が進むことを望みたい[29]。

　有益な絹糸昆虫が作る絹糸は，消費量が低下したとはいえ，感性に富み着心地の良い絹繊維素材として利用されてきた。カイコと野蚕を対象とするナショナルバイオリソースプロジェクトが採択され（2002年）[22]，遺伝資源としての役立つカイコや野蚕に対して強い関心が寄せられていることを付記しておきたい。

参考文献

22) 梶浦善太；蚕と野蚕の遺伝資源とそれらの応用，加工技術，**48**(10)，pp. 17-26 (2013)
23) 小泉勝夫；新編日本蚕糸・絹業史，下巻，オリピア印刷，pp. 222-228 (2019)
24) 木内信；野蚕特集にあたって，蚕糸・昆虫バイオテック，**79**(3)，pp. 149-151 (2011)
25) 崔相元；野蚕繭からの新規生理活性物質の同定と機能解析，岩手大学大学院　連合農学研究科　生物環境科学専攻（岩手大学），学位論文 (2009)
26) 崔相元，鈴木幸一，瓜田章二；ウスタビガシルクパウダーからの抗カビ活性物質の探索，東北蚕糸・昆虫利用研究報告，29，p. 17 (2004)
27) 小林淳；野蚕を宿主とするバキュロウイルスベクター系の魅力と実用化への挑戦，蚕糸・昆虫バイオテック，**76**(3)，pp. 189-196 (2007)
28) 鈴木幸一；卵の人工孵化，「天蚕」（赤井弘・栗林茂治共編著），サイエンスハウス，pp. 181-189 (1990)
29) 塚田益裕；今後の「昆虫工場」を展望する，蚕糸・昆虫バイオテック，**89**(2)，pp. 47-48 (2020)

第6章 シルクに関する面白い話あれこれ

第6章　シルクに関する面白い話あれこれ

　絹糸昆虫の卵，幼虫，蛹，蛾，そして繭糸などを話題にしてあれこれ説明してきた。肌触り感と風合い感に優れるテンサン絹糸やサクサン絹糸などは衣料素材として古くから愛用されている。野蚕絹糸の断面は扁平であるため，光が当たると鏡面から光が反射するような特徴ある光沢を発生する。テンサンやサクサン絹糸は主に衣料分野で用いられてきたが，第4章，第5章（5.7(4)）で紹介したように野蚕からは特異的な生理活性機能をもつ物質が見つかり新規素材を探索する可能性を秘めている。ここでは，カイコや野蚕に由来するシルクが産業材料としてどこまで応用が可能かを追求するため，衣料材料，非衣料あるいはバイオ材料として応用できる実例を解説することにしよう。

6.1　衣料材料分野産業への応用

(1)　落下傘に使う絹の綱糸
　生糸は，女性用の伝統的な和装用素材として古くから愛用されてきた。わが国で生産された生糸の8割が和装用に使用されたほどであった。生糸輸出は大正末期から昭和5年ころ最盛期を迎えた。わが国は，かつて生糸の最大の生産国であったと同時に最大の消費国でもあった。ところが，昭和5年ごろから世

界恐慌のあおりを受けて昭和恐慌が起こった。その後，日中戦争，太平洋戦争に突入したため，生糸輸出をはじめ生糸需要が衰退することになった。

戦後，女性の生活様式が洋風化し，女性の社会進出にともない，和装用一辺倒であった生糸需要が低下しはじめ，生糸の消費量が落ち込んだ。それにともない養蚕農家の戸数が急激に減少し，養蚕業の低迷が顕著になった。シルクブームが過ぎた昭和45年以降，農林水産省は，生糸消費を増大させるため，絹糸を和装用の素材に偏らず，洋装分野にも応用できる用途を拡大する政策を打ち出した。しかし，その効果が現れないまま蚕糸業の低迷は深刻になり現在に至っている。

わが国の蚕糸業は，明治時代以降，盛況と不況とを繰り返した。物資が不足した太平洋戦争中あるいは戦後において絹糸の置かれた背景を見てみよう。

太平洋戦時中，輸入が途絶えた羊毛や綿の代替えのため，絹糸を用いようとする動きが見られた。昭和16年からは，輸入一辺倒に頼ってきた羊毛などの代用品として，絹糸を短繊維化して軍服など軍事物資の繊維製品に利用することになった。戦時中は，カイコの絹糸を落下傘（パラシュート）用の布や紐に応用しようと試みられた。繊維が細いと絹糸の強度は増大することがわかったため，細い繊維径（細繊維径）で高強度の絹糸をパラシュート用の紐に用いようと考えた。

細繊度系のカイコの品種を育種する研究が重要視され，細い繊維径の繭糸をつくる2種類のカイコの品種が育成された。細繊維径の生糸をつくるカイコの

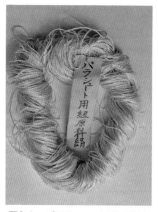

図6.1　パラシュート用の絹糸

品種として「支21号×支108号」などが育成され，パラシュートの紐や，平織で織られてマス目状の織目がある篩絹に利用しようと，細繊度径の繭糸をつくるカイコ品種を大量に生産することになった。戦後も，三眠蚕の細繊維径のカイコの品種が篩絹をはじめ高級生糸用として利用された[1]。切断するまで引き延ばした絹糸の強度を切断時の単位面積で換算した値は，金属ワイヤーと同等の強さに匹敵するほどであり，絹糸製のパラシュート用素材に用いられた。農林省蚕糸試験場の展示室には，絹糸からできたパラシュート用の紐が並べられていた（図6.1）。

昭和初期以降，生活分野や各種産業分野で絹糸の製品がいろいろな形態で活用されるようになった。絹糸活用の現状が最近，高林らにより紹介されているのでこれをご覧いただきたい[2]。

(2) 転写捺染で絹繊維を染める

絹繊維は，感性にも富み，化学合成染料や植物由来の天然染料（草木染め）によってもよく染色できる。染料と助剤を含んだ染色浴に絹繊維を入れ，温度をかけて染色するのが一般的な染色法である。この染色法では多くの水量や，染色浴を加熱するためのエネルギーが必要である。染色のために要するエネルギーを節約し，染色廃液に残る余剰な染料や試薬を取り除くための経費を省くことが望まれる。環境に負荷をかけない染色法として従来から知られる方法が転写捺染である。昇華性の染料で着色した転写紙を繊維製品の表面に当て転写紙を加熱すると，昇華した染料により繊維製品が染着できる。実験室では，転

Column ◆◆◆ **転写捺染** ◆◆◆

若い世代の人には聞き慣れないことばかもしれないが，団塊の世代の人にはなじみのあるレトロな遊びの一つが「写し絵」である。花や小鳥などを描いた薄紙の下絵を水で濡らし，下絵のある面を別の新しい紙に圧着する。しばらくして薄紙を剥がすと，下絵が紙にプリントできる。これが写し絵である。下絵の代わりに，昇華染料で印刷された絵柄の転写用紙を繊維製品に付着させ，上から加熱したアイロンを掛けると，染料が昇華して繊維製品に絵柄がプリントできる。これ

写紙を繊維製品の上に乗せ転写紙の上から加熱したアイロンを押し付けることにより転写捺染ができる。

　繊維素材が違うと，転写捺染による染着性にはどんな違いがあるだろうか。アクリル繊維，ポリエステル繊維，絹繊維への転写捺染性を調べてみた（図6.2）。疎水性表面のポリエステル繊維（b）は転写捺染性が良いが，アクリル繊維（a）の染着性は良くない。熱転写捺染法で未処理の絹繊維を染めようとしても染着性は良好ではない。絹繊維の表面を疎水性に変えることができれば，水をはじく疎水性であるポリエステル繊維が示す優れた染着性と同様，絹繊維の染着性を向上させることが可能になるものと期待できる。

　そこで，疎水性モノマーでグラフト加工した絹繊維の染着性を調べることにした。用いたグラフトモノマーは，①スチレン（St），②スチレン（St）とポリエチレンジグリシジルメタクリレート（GMA）との混合モノマー（St/GMA）である。St あるいは St/GMA に重合開始剤と界面活性剤，さらに重合開始剤として過硫酸アンモニウムを用いた加工浴に絹繊維を入れて80℃で90分熱処理することで絹繊維へのグラフト加工を行い，加工率がそれぞれ19%と26%の絹繊維を製造した。転写捺染による合成繊維と絹繊維への染着性を見てみよう（図6.2）。未加工の絹繊維の染色性は，アクリルニトリル繊維（a）と同様に染着性は良好ではないが，疎水性モノマーの St，あるいは St/GMA でグラフト加工した絹繊維（c, d）は，ポリエステル繊維（b）よりも濃色に染着できる。グラフト加工により絹繊維表面が疎水性となることにより転写捺染性が向上したことがわかる。

が，『転写捺染』である。

　転写捺染とは別に，酸性染料などで繊維製品を染色するには，染色液や試薬を含んだ高温度の染色浴に絹繊維を所定時間浸すことで，染料が絹繊維に入り込んで染料が固定される。染色排水中には染料の他，酢酸アンモニウム，ぼう硝などが含まれるため，染色後の染色廃液は環境汚染防止のため，排水中に含まれる染料やその他の試薬などを削減させる必要があり，そのためのランニングコストがかかる。しかし，転写捺染は，染料や試薬を用いないため環境にやさしい染色法である。

(3) 絹糸を食害する昆虫

養蚕農家で生産した繭は製糸工場に運ばれてから繰糸工程に回されるまでは，工場の貯繭倉庫で保存される。貯繭倉庫での管理と保存環境が不十分であると，カツオブシムシ類の食害を受けて繭殻に穴が開けられてしまう。食害された穴あき繭など品質が低下した繭は，生糸の繰糸ができない選除繭になってしまう。この昆虫は，絹繊維製品や羊毛製品を食害するため，家庭のタンスでの保存状態が良くないと，タンパク質繊維製品は食害昆虫による被害を受けるので，タンスに防虫剤を入れて繊維製品を保存することが必要である[7]。

ところで，植物性染料で染めた木綿や，キアイ，タデアイに由来する色素成分であるインジゴで染めた繊維製品を身につけていると，「毒蛇であるマムシ」には噛まれないとの古くからの言い伝えがある。この話の信憑性を確かめようとしたのが農業生物資源研究所（つくば市）に勤務する同僚の加藤弘である。彼の研究室では研究補助者が，実験の準備のため大きさが 3 mm ほどのヒメマルカツオブシムシ（学名 *Anthrenus verbasic*）幼虫の飼育を担当していた（図6.3）。

簡単な方法で食害実験ができる。100匹ほどの食害昆虫と，植物染料で染めた複数の羊毛をプラスチック製のシャーレに入れ，一定の期間飼育する。所定時間が経過してから，いろいろな染料で染めた羊毛重量の減少程度を調べるこ

Column   ◆◆◆ グラフト加工 ◆◆◆

絹糸へのグラフト加工は日本独自で開発した加工技術である。グラフト加工では，ビニル基をもつメタクリル酸メチル，メタアクリルアミドなど数多くのグラフトモノマー（モノマー）が利用できる。モノマーを乳化させた水溶液で行うことが特徴である。モノマー，グラフト重合開始剤，界面活性剤を含み，加熱した加工浴に絹糸を入れて所定時間反応させることでグラフト加工が可能となる。

グラフト加工により，モノマーは絹糸中に入り込み重合して高分子化するが，絹分子とは疎水結合などの弱い結合が見られるにすぎず，両者間には化学的な結合は起らない。メタクリルアミド，メタクリル酸 t-ブチル，あるいはリン酸基をもつモノマーで絹糸をグラフト加工すると，絹糸にはそれぞれ，嵩高性，耐光性，防炎性を付与することができる。

とにより食害状態がわかる。実験を開始してから4週間後，羊毛の食害程度（被害程度）を評価したところ，未加工羊毛，紫根とウコンで染めた羊毛はほとんどが食い尽くされて繊維の形が崩れてしまった。赤キャベツ，カテキュウ，藍，キハダから取り出した染料で染めた羊毛は被害程度が軽微であった[8]。繊維製品をどのような天然染料で染めると，カツオブシムシ類による食害が軽減するか科学的に考察をすることはできないが，ある種の天然染料で染めると食害昆虫による羊毛の被害程度が軽くなることが確かめられた。

⑷　防炎性の絹繊維製品

　米国で可燃性織物の輸入を禁止するという問題が起ったのは1955（昭和30）年前後のことであった。当時，米国では化学繊維や合成繊維が普及しており，この繊維の中に，非常に燃焼性の高い繊維があり，引火によって子供や女性らが負傷する事故が絶えなかった。こうした事故が多発したため可燃性織物法が議会を通過し，大統領の署名をもって発効した。この法律によって，わが国からの薄い絹製品生地・スカーフやハンカチーフの輸入が禁止されることになった。この法律の発効によって，これまで米国に生糸を輸出してきた日本は致命的な打撃を受けた。当時，わが国からのスカーフやハンカチーフの輸出は，米国一辺倒であったため，日本経済におよぼす影響は計り知れないものがあっ

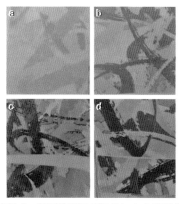

図6.2　転写捺染法で染色した各種繊維
a アクリルニトリル，b ポリエステル，
c St でのグラフト加工絹糸，
d St/GMA でのグラフト加工絹糸

図6.3　ヒメマルカツオブシムシの幼虫

た。日本政府は外交交渉を行ったり，繊維業界は死活問題であるとして民間運動を懸命に展開したが，適用除外にはならなかった[9]。過去のこうした苦い経験をしたわが国は，繊維の防火性に関する問題は常に頭から消えることはなかった。このような問題に関心をもち続けて，防炎性の絹繊維製品を調製しようと取り組んだ実験の概要と成果を紹介しよう。

　防炎機能がある繊維製品は，初期火災により加熱作用を受けても着火しにくく，また着火後も燃え広がる速度を遅らせることができる。一定の角度に傾斜した試料台の上に載せた被検査製品の下端に炎を近づけ，繊維製品の燃焼挙動から表面の燃焼の速さなどを測定することで繊維製品の防炎性機能の評価が可能となる。

　繊維製品の燃焼性を抑制するための従来技術としては，試料をリン酸処理する方法があった。絹繊維製品に耐久性のある防炎機能を付与するには，リン酸処理に代わる方法を考案することにした。リン酸を分子側鎖にもつビニル化合物で繊維製品をグラフト加工することが有効であると考えた。目的に合う加工剤を探索したところ，加工モノマーとしてホスマー M とホスマー CL（商品名，ユニケミカルズ株）が有望であることがわかった。これら化合物の構造式を図6.4に示した。ホスマー M とホスマー CL によるグラフト加工は，従来，

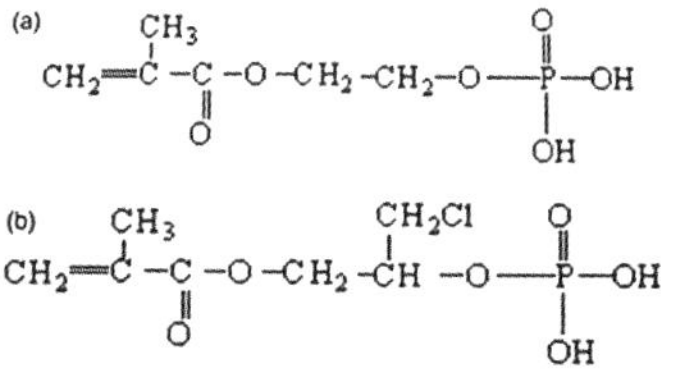

図6.4　加工モノマーの構造式
a：ホスマー M, b：ホスマー CL

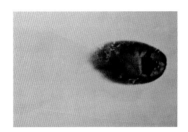

図6.5-1　燃焼試験後の燃え残り　その1

図6.5-2　燃え残り　その2

既知のグラフト加工技術により，それぞれ加工率が13.9％，21％ほどの絹繊維を製造した[10]。

　JIS 規格で定められた燃焼試験で繊維製品の防炎機能を評価してみた。防炎評価の実験後，試料の燃え残り状態を示す写真が図6.5-1，図6.5-2である。グラフト加工した絹繊維の燃焼試験をまとめた結果が表6.1である。対照区は，着火後，炎が燃えるまでの時間が短く，防炎性能は低い。ホスマー CL で加工した絹繊維に点火しても炎の燃え広がりは見られ難く，燃え滓量が少ない。ホスマー M で加工した絹繊維は，過熱時間が少し長く，燃え移っても炎は直ぐに消える。ホスマー CL で加工した絹繊維は炎が消えるまでの時間（残炎時間）は，燃え移り難いことから零（0）としたが，120秒過熱したにもかかわらず炭化面積が小さいため防炎効果があると判断できる。いずれにしても，ホスマーでグラフト加工した絹繊維は未加工絹糸に比べて防炎性が向上するものと考察できる。

　JIS で規格化された燃焼試験とは別に，簡便な方法で燃焼試験を行うことにした。ホスマー M とホスマー CL でグラフト加工した絹繊維（幅２cm，縦15 cm）の上端を把持し，下端をライターで着火した繊維の燃焼状態を調べてみた。試料の下端をライターで着火した後，炎が自然に消えた時点の試料片の燃え残りのようすを撮影した写真が図6.6である。対照区の絹繊維では燃え広がる程度は大きいが，ホスマー M とホスマー CL でグラフト加工した絹繊維は，対照区より燃えにくく，ホスマー CL でグラフト加工した絹繊維の防炎性は向上しており，上記の規格化された方法で求めた防炎性機能の測定結果と類似し

表6.1　グラフト加工をした絹繊維製品の燃焼試験結果

	加熱時間，sec	残炎時間，sec	炭化距離，mm	炭化面積，cm^2
対照区	2.0	2.9	95	40.6
M 13.9％[*]	2.9	31.1	224	162.5
M 14.1％	5.0	2.1	72	28.8
CL 12.2％	5.2	21.5	233	157.1
CL 21％	120	0	88	37.4

＊　ホスマー M でグラフト加工した絹糸（加工率13.9％）

た結果が得られた。

　ホスマーMで加工した絹繊維の示差走査型熱量計（DSC）測定によると，DSC曲線上の340℃付近には吸熱ピークが現れ，このピーク温度は未処理の絹糸の熱分解温度（316℃）よりも高温である（図6.7）[10]。グラフト加工した試料の熱分解温度が高温側に移ったことは，上記で見たとおり防炎性が向上したことと関連性があるものと判断できる。ホスマーMあるいはホスマーCLでグラフト加工した絹糸の強度と伸度は，未加工絹糸の機械的な特性と大きな差はなく，グラフト加工を施しても未加工絹糸の機械的な特性は劣化しない（図6.8）。

⑸　セリシン繊維を吐糸するカイコの品種・「セリシンホープ」

　農林省蚕糸試験場に就職し，最初に担当した研究テーマは「セリシンの溶解

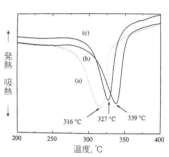

図6.7　絹繊維製品のDSC曲線[10]
a：対照区，b：ホスマーM，
c：ホスマーCL

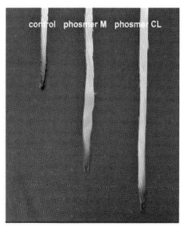

図6.6　燃え残り状態（簡易法）
対照区（左），ホスマーM（中）と
ホスマーCL（右）で加工した絹繊維

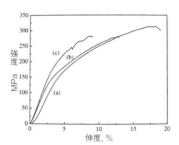

図6.8　絹繊維の強伸度曲線[10]
a：対照区，b：ホスマーM，
c：ホスマーCL

特性の解明」であった。セリシンの特性を明らかにするには、自然のままで変性をしていないセリシンを対照区として用いる必要がある。カイコの繭糸には重量で20%ほどのセリシンが付いているので、繭糸を熱したアルカリ水溶液で処理することで調製したセリシン水溶液を乾燥固化した試料を対照区として用いることが従来法である。しかし、この方法で入手できるセリシンは、アルカリの作用を受けて分子量が大幅に低下するため、未変性状態で高分子量のセリシンをどのように手に入れるかが解決すべき課題であった。

　そこで、成熟したカイコの体内からシルクが蓄積している絹糸腺を取り出し、絹糸腺細胞を剥ぎ取って得られたセリシン（剥離セリシン）を対照にすることが望ましいものと考えた。時間とともに一定の早さで温度が昇温する加熱炉の中に入れた剥離セリシンがどのような熱挙動を示すかを明らかにするため示差熱分析（DTA）を行ったところ、セリシンが熱分解する温度は220～240℃[3]であることがわかった[3]。

　こうした基礎的実験を行ってから30年ほど後のことになる。農林水産省蚕糸昆虫研究所に勤務し、カイコの品種改良を専門とする同僚の山本俊雄は、フィブロインを含まず多くのセリシンを吐くカイコの品種「セリシンホープ」を育成することに成功した[4,5]。「セリシンホープ」がつくる繊維は未変性セリシンとして用いることができる。カイコの品種育成には、地味な研究活動をしなければならず、新しいカイコの品種を育成するには、目立たない研究を長年続ける必要がある。蚕糸関連の研究所に定年まで勤務しても１種類のカイコの品種が育成できれば良いとまでいわれるほどの、気の長い辛抱が要求される仕事が

カイコの品種育成である。新しい品種を育成できるかどうかは賭けのように思われる分野であるが，努力と辛抱をしながら55歳ころの山本俊雄がセリシンホープの品種育成に成功したことは実に画期的なことであった（2001年ごろ）[1]。

　従来から多量のセリシンを吐く2種類のセリシン蚕品種があることは知られていた。これらのカイコが熟蚕になると，吐糸により不定形の繭をつくる。セリシンの分泌量が30 mgと少ない品種は「裸蛹 Nd 系統」であった。他の品種はセリシン蚕 Nd-s 系統と呼ばれていた。これらのカイコの品種は，フィブロイン分泌量が少なく，セリシン純度は92%程度に過ぎなかった[4]。山本俊雄が育成したセリシンホープはセリシンを多量に分泌し，セリシン純度は98.5%と高く，しかも，繭をつくる割合（営繭率）が99%と高い品種であった。セリシンを多量につくり，飼育が容易なセリシンホープには蚕糸業界からは強い関心が寄せられた。

　一般に，セリシンの分泌性能は優性遺伝子（Nd）により支配されるため，普通のカイコの品種と交配してもセリシン蚕として発現してしまう[1]。一方，セリシンホープは1頭当たりの吐糸量がほぼ80 mgと多い。従来法により調製できる分子量が低下したセリシンの代わりに，セリシンホープから得られるセ

表6.2　セリシン蚕の繭層重，練減率，セリシン量[4]

カイコの品種名	繭層重, cg	営繭率, %	練減率, %	セリシン量, cg
Nd	1.86	60	99.5	1.85
Nds	2.65	98	92.2	2.44
セリシンホープ	8.22	99	98.5	8.1
セリシンホープ×KSC68	9.21	99	98.5	9.07

図6.9-1　セリシンホープ幼虫

図6.9-2　セリシンホープ繭（左）と普通蚕繭（右）

リシンは未変性状態であるためセリシン研究には最適である。

　各種セリシン蚕の繭層重，営繭率，練減率，ならびにセリシン量を表6.2に
まとめた。5齢熟蚕期のセリシンホープ幼虫（図6.9-1）は，カイコの熟蚕よ
りも小振りである。桑葉を盛んに食べて熟蚕となったセリシンホープ幼虫の営
繭率は100%に近い[4,5]。このセリシンホープがつくった毛羽付きの繭（図
6.9-2左）は，実用のカイコ品種の繭よりも小型である。裸蛹 Nds の幼虫（図
6.10-1）が営繭した繭（図6.10-2）は，実用のカイコ品種の繭に比べて柔らか
く，繭には多くの毛羽が付いている。セリシンホープと KCS68 との交雑種（図
6.11）の幼虫の大きさは，セリシンホープや Nds 蚕に比べて少し大きい。

　セリシンホープから調製した未変性状態で高分子量のセリシンを原料にして
セリシンナノファイバーを初めて製造することに成功した[6]。セリシンホープ
のセリシンをトリフルオロ酢酸（TFA）に溶解して調製できる10 wt%セリシ
ン TFA を印可電圧10 kV，紡糸距離12 cm で，エレクトロスピニングをしたと
ころ良好な形態のセリシンナノファイバーが製造できた。セリシンナノファイ

図6.10-1　Nds 幼虫

図6.10-2　Nds セリシン繭

図6.11　交雑種の幼虫（セリシンホープ× KCS68）

バーの走査型電子顕微鏡（SEM）写真が図6.12-1で，表面がさらに鮮明となるように電界放出型走査電子顕微鏡（FE-SEM）で撮影した写真が図6.12-2である[6]。セリシンナノファイバーの繊維径のムラは少なく，繊維径は非常に細い。ナノファイバーの表面には特別の微細構造は見られず優れた超微細な繊維であることが確認された。

(6) 嵩高い絹繊維

　バルキー性に富み嵩高い繊維製品は，カーペットやセーターなど広範に利用できる。絹繊維には熱可塑性がないため，熱処理条件を変えてもバルキー性と弾力性を有する絹素材を製造することはできない。まず，空気を多く含み手触りが良く風合い感のある絹繊維にバルキー性（嵩高性）を付与するための従来法を説明しよう。絹糸に加える撚りと撚りが戻る力を利用して絹繊維を嵩高くさせることができる。すなわち，撚り掛の方向が違う複数の絹糸を引き揃えてから，新たな撚りを掛けることで嵩高性の絹繊維製品が製造できる。

　従来法の代わりに，グラフト加工を応用し絹繊維に嵩高性を与えることを試みることにした。グラフト加工をしても絹繊維の機械的な特徴を失うことがないようなグラフトモノマーを探すことから研究をはじめることにした。探索して見つけた加工モノマーは，親水性モノマーの2-ヒドロキシエチルメタクリレート（HEMA）とメタクリルアミド（MAA）である。HEMAあるいはMAAとによる絹繊維へのグラフト加工は次のようにして行った。HEMAもしくはMAAと，界面活性剤，重合開始剤を含む加工浴にカイコの絹繊維を入れ，

図6.12-1　セリシンナノファイバー
　　　　　のSEM写真

図6.12-2　セリシンナノファイバー
　　　　　のFE-SEM写真

80℃で90分熱処理を行うことにより，加工率がそれぞれ45％と40％の絹繊維が製造できる。ほぼ同一重量の未加工絹糸にHEMAあるいはMAAでグラフト加工することで調製できる加工絹糸を並べて撮影した写真が図6.13である。グラフト加工したカイコの繊維はいずれも未加工絹糸（a）より嵩高い。MAAを用いてグラフト加工した絹糸の嵩高性は最も良好である（図6.13c）。HEMAによりグラフト加工した絹糸（b）の嵩高性は，未加工絹糸よりは向上したが，絹糸が若干硬くなる傾向がある。一方，嵩高性と手触り感が優れているのはMAAで加工した絹糸であり，加工率が高くなっても絹糸が硬くなることはない。

　こうした実験結果の成果を絹繊維加工を行う某企業に売り込もうとしたことがある。相手の企業は，絹糸100％にこだわって仕事をしているので，グラフト加工で嵩高性になった絹糸には余り関心がないらしい。実験室レベルで得られた実験の結果を実業界は，快く受け入れない場合のあることに気付かされた。製品開発をするには民間企業がどんな絹糸を望んでいるのかを予め知っておくことの必要性を再認識させられた。ただし，上記の嵩高性絹糸の作成では実験が失敗したわけではなく，衣料分野によってはグラフト加工した絹糸に対

図6.13　グラフト加工絹糸
加工モノマー：a, 未加工，b, HEMA, c, MAA.

しても関心をもつ企業があることを後で知ることができたので，嵩高性を備えた絹繊維の成果は無駄になったわけではなかった。

参考文献

1）山本俊雄；特徴ある蚕品種繭の作出とその利用
　　https://www.naro.affrc.go.jp/archive/nias/silkwave/hiroba/FYI/kaisetu/yamamoto.htm
2）髙林千幸・森田聡美・林久美子・両角加代子；昭和初期に開発された生活用・産業用　絹製品について，日本シルク学会誌，第21巻，pp. 49-56（2013）
3）平林潔，塚田益裕，杉浦清治，石川博，安村作郎；セリシンの熱分析，日蚕雑，**41**(5)，pp. 349-353（1972）
4）山本俊雄，間瀬啓介，宮島たか子，飯塚哲也；「セリシンホープ」
　　http://www.naro.affrc.go.jp/archive/nias/seika/nias/h13/nias01013.html
5）山本俊雄，間瀬啓介，宮島たか子，原和二次郎；セリシンを大量に生産する蚕品種
　　特開2001-245550.
6）225 X. Zhang, Md. Majibur Khan, T. Yamamoto, M. Tsukada, H. Morikawa,; Fabrication of silk sericin nanofibers from a silk sericin–hope cocoon with electrospinning method, International Journal of Biological Macromolecules, **50**, pp. 337-347（2012）
7）塚田益裕；食害に強いシルク，加工技術，**40**(6)，pp. 24-25（2014）
8）加藤弘，秦珠子，塚田益裕；天然色素抽出物によるヒメマルカツオブシムシ幼虫の食害抑制効果，日蚕雑，**72**(2)，pp. 55-63（2003）
9）小泉勝夫；スカーフ史　新編日本蚕糸業史（下巻），オリンピア印刷，pp. 273-274（2019）
10）M. Tsukada, Md. Majibur Khan, T. Tanaka, H. Morikawa; Thermal characterizaiton and physical properties of silk grafted with phoshorous flame retardent agents, Textile Research Journal, **81**(15), pp. 1541-1548（2011）

VI

シルクに関する面白い話あれこれ

化学加工

　洗濯後ハンガーにぶら下げるだけでアイロンが不要（ノーアイロン）となる繊維製品の特性がW＆W性である。絹繊維製品のW＆W性は良くないので家庭で洗濯をすることはできないが，化学加工を施すことで絹繊維製品のW＆W性を向上させることができる。エポキシ化合物のエチレングリコールジグリシジルエーテルを含む有機溶媒に絹繊維製品を入れ，75℃以上で加熱することにより絹繊維製品への化学加工ができ，繊維製品のW＆W性が改善できる。

6.2 非衣料，バイオ材料への応用

　化学加工やグラフト加工によって本来の絹糸にはない新しい機能特性を絹糸に付与することができる。化学加工した絹糸は，非衣料分野をはじめ，医学分野でのバイオ材料として広く応用が可能な新素材となるものと期待できる。ここでは，水をはじく撥水性，水に親しむ親水性，病原微生物の増殖を抑制す抗菌性，あるいは気体透過性などの機能を備えたシルク膜などの新しい利用技術の成果を紹介しよう。

(1)　金属イオンと結合する絹糸

　外見上1本に見える絹糸は階層構造からできている。カイコが吐糸した1本の繭糸は，一対のフィブロイン繊維から構成される。フィブロイン繊維の繊維径は10μmほどであり，太さが0.2〜10.4μmほどで数百本のフィブリルの束からできている。フィブリルは超微細なミクロフィブリル（0.01〜0.02μm）の集合体である（改訂蚕糸学入門，大日本蚕糸会（2002））。フィブリルとミクロフィブリルの表面積の合計値は，大変に広くなるはずである。広い比表面積をもつ微細繊維の表面は，気体などの低分子物質を吸着するのではないかと期待される。絹糸は身の周りにある悪臭気体を吸着するか調べたところ，ホルムアルデヒド，トリメチルアミン，酸化窒素などの有害ガスを効率的に吸着することがわかった。

絹糸が低分子を吸着するとの成果からヒントを得て，絹糸に抗菌性金属を吸着することができれば，抗菌性絹糸になるものと期待できる。抗菌性の金属を結合（配位）させた絹糸は，病原微生物の増殖を抑えられるはずであり，産業への広範な応用が可能となるだろう。

　絹糸には正あるいは負の電荷をもつアミノ酸側鎖が含まれる。正に荷電した抗菌性の金属イオンは，負の電荷を帯びるアミノ酸側鎖と結合するものと考え，金属を吸着するため絹糸に次のような仕掛けを施した。絹糸と化学反応をする試薬としてエチレンジアミン四酢酸（EDTA）から合成した市販品のEDTA（無水 EDTA）を用いて絹糸への化学加工を行った。無水 EDTA は，絹糸の塩基性アミノ酸側鎖とアシル化反応により結合する。無水 EDTA を含むジメチルスルホキシド（DMSO）の加工液に絹糸を浸漬し，所定時間，加熱処理することにより絹糸へのアシル化反応を進めた。便宜的に抗菌性金属として Pb^{2+} を選び，絹糸に予め導入した EDTA に Pb^{2+} が配位する模式図が図6.14である。

　次に，EDTA を導入した加工絹糸に，Pb^{2+} の代わりに，さらに優れた抗菌性金属の銀あるいは銅を結合させることで抗菌性の絹糸が製造できる。加工絹糸への金属の吸着量は，金属の価数，浸漬時間などにより影響を受けるが，金属の吸着量を決める主要な要因は金属イオン水溶液の pH である。EDTA を導入した絹糸に抗菌金属を配位させることにより，トマト潰瘍病細菌の増殖を抑制する活性のあることを次の項で紹介しよう[13,14,15]。

　化学加工は，抗菌性の絹繊維を製造する他に，絹糸の特性を改変するうえで

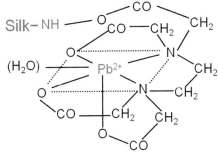

図6.14　EDTA を導入した絹糸に Pb^{2+} が配位する模式図

有益な改質技術である。化学加工に使用できる加工薬剤は所望する用途に合わせて選択できる。電荷をもつ加工薬剤で化学加工することで，シルクは，生体細胞との付着性や親和性を制御できる素材になる可能性がある。

⑵ 化学加工で製造した絹糸の抗菌活性

　金属が配位する官能基を予め絹糸に化学的に導入する（EDTA を導入した絹糸）手法は前項で述べた。EDTA を導入した絹糸を銀イオン水溶液に浸漬時間を変えることで，銀の導入量が異なる抗菌性絹糸が製造できる。この化学加工絹糸が，植物性病原細菌の中でも数少ないグラム陽性菌であるトマト潰瘍病細菌の増殖を抑制する働きがあるか調べてみた。55℃に加熱したキング培地25 mL と，検定菌のトマト潰瘍病細菌の胞子液（濃度10^5細胞/mL）との混合物をシャーレに流し込み室温で固化させた。こうして調製した菌液を含む平板培地の表面に，約 2 cm の長さに切断した被検定用の繊維を密着させる。培地を25℃に保ち，所定時間が経過した後，検定試料の周辺に現れる阻止円（図6.15）の大きさを測定する。阻止円が大きい試料は，病原性細菌の増殖を抑える抗菌活性が強いことになる。銀の含量が多い絹糸（C）の周辺に見られる阻止円は，銀含量が少ない絹糸（A）の阻止円よりは大きく，抗菌金属を配位させた EDTA 基導入絹糸は，含有する銀の量が増えると病原微生物の増殖を効率的に抑えることを確かめることができた。

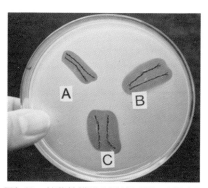

図6.15　抗菌性繊維の周りに現れる阻止円

(3) 酸素を良く透過するシルク膜

　絹糸を溶かしてから透析処理をしてシルク膜をつくる方法は古くから知られている。シルク膜は，基礎的な特性を調べ，分子形態や熱挙動の明らかにするための試料として利用されてきたが，シルク膜を産業に応用しようとする発想には欠けていたといわざるを得ない。シルク膜を多目的に利用しようとする研究がはじまったのは，2000年ごろになってからである。

　国立の研究機関や大学などを中心に構成される「つくば市研究学園都市」には，農林水産省，工業技術院，国土地理院などに所属する数多くの研究機関がある。研究者同士の交流が盛んになることは，研究都市の魅力の一つでもある。工業技術院（現，産業技術総合研究所）の製品科学研究所に勤務する箕浦憲彦とふとした機会に知り合うことがきっかけとなり，彼との共同研究がはじまった。彼は，ポリジメチルシロキサンなどの有機材料膜における気体や物質の透過機構を考究する世界的な研究者である。物質における酸素の透過量を測定するため，自分で組み立てた測定装置を用いて盛んに研究をしていた。著者はシルク膜の応用を模索していたので，シルク膜の酸素透過量を共同して調べることになった。シルク膜の酸素透過量（酸素透過係数）を測定したところ，乾燥したシルク膜の酸素透過量は微量であるが，水を含んで湿潤させたシルク膜は酸素を良く通すことがわかった[16]。ソフトコンタクトレンズの素材として多く使用される 2-ヒドロキシエチルメタクリレート（HEMA）ポリマーの透過量と同等である[16]。こうした測定データから判断すると，シルク膜がバイオ材料として有望であるものと期待ができる。シルク膜の酸素透過量が優れてい

図6.16　酸素透過膜使用による金魚の生存実験
a：対照区，b：シルク膜でカバー，c：サランラップ膜でカバー

ることを耳にした某コンタクトレンズ会社は，コンタクトレンズ素材に酸素透過性のシルクが適していると考え，シルク製コンタクトレンズの開発を共同研究することになった。コンタクトレンズは，生体組織である目の角膜に付着させて使用するもので，角膜には多くの酸素を透過するシルク製のコンタクトレンズが有望であるものと考えられる。涙に含まれるいろいろなタンパク質がシクコンタクトレンズ表面にどの程度付着するかの基礎実験をする必要性も生じた。

　酸素透過性の良いシルク膜を用いて金魚の生存状態を調べてみた（図6.16）。水を一杯に満たしたビーカーに金魚を入れ，ビーカーの上端にシルク膜や酸素透過性がやや劣るポリ塩化ビニリデン膜（商品名・サランラップ，旭化成製）を取り付け，所定の時間が経過してからビーカー内の金魚を撮影した写真が図6.16である。シルク膜（中）を用いた実験区は，対照区（左）と同じように金魚の泳ぎには異常が見られなかった。

⑷　シルク表面での細胞付着

　カイコのシルクあるいは野蚕シルクをバイオ材料に応用することを目指して，シルクの表面での細胞の付着性を調べることにした[21,22,23]。カイコのシルクとサクサンシルクの表面におけるマウス由来の繊維芽細胞の付着状態を調べてみた。対照区としては，細胞の付着性が良いコラーゲンマトリックスを用いることにした。細胞付着に関与するとされる因子（Arg-Gly-Asp）を多く含むサクサンシルクは，カイコのシルクよりも細胞の付着性と増殖性が優れていることがわかった[23]。

細胞がシルク表面に付着する機構は，細胞表面とシルク表面との静電気的な
つながりに関与するものとされる[24, 25]。サクサンシルクに含まれ，正電荷をも
つアルギニンの分子側鎖と密接に関わるので[23]，シルクのアルギニン残基を
ターゲットにして化学修飾することで細胞付着を良好にさせることに成功し
た[22]。

サクサンシルクの構造，分子形態，あるいは化学加工に関する基礎的な情報
は集約されている。熱処理によるサクサン絹糸の分子形態とシルク膜の物理化
学特性については十分に把握されている[26]。メタノール水溶液による浸漬処理
によるサクサン膜の分子形態の変化がわかっている[27]。今後は，バイオ材料と
してサクサンシルクが有望であるとの従来の考え方に加えて，医療分野に応用
できる機能的で実用的なサクサンシルクの応用を目指す研究が進展することを
希望する。

(5) サクサン絹糸の前処理効果と化学加工

カイコの絹糸の機能を改変するには，反応性の試薬を用いた化学加工が有望
である。反応性の試薬を含む有機溶媒・ジメチルホルムアミドに絹糸を入れ，
加熱することで絹糸の化学反応を進めることができる。反応性の試薬として
は，①脂肪族の酸無水物であるコハク酸無水物やグルタル酸無水物など，ある
いは，②芳香族の無水物としては，フタル酸無水物やo-スルホ安息香酸など
の芳香族無水物である[28, 29]。

カイコの絹糸への化学加工では，前処理は全く不要であるが，カイコの絹糸

に比べて絹糸構造が緻密なサクサン絹糸は，反応性の試薬を試料内に効果的に浸透させるための前処理が必要となる。サクサン絹糸の構造を緩めるにはチオシアン酸リチウム（LiSCN）水溶液による浸漬処理が効果的である[30,31]。50℃のチオシアン酸リチウム（LiSCN）水溶液で絹糸を2時間浸漬する前処理を行うことで，下記に記載する8種類の酸無水物によりサクサン絹糸への化学加工を効率的に行うことができる。酸無水物を溶解したジメチルホルムアミドにサクサン絹糸を入れた加工浴を80℃に加熱し，所定の時間反応させてみた。LiSCN水溶液で前処理してから化学加工したサクサン絹糸の加工率を図6.17に示した。後述するように前処理をしないとサクサン絹糸の加工率は極めて低く数%であるが，前処理をすることによりいずれの酸無水物を用いても化学反応が順調に進むことが確認された。

使用した無水物
a　無水-2-（1-オクタデセニル）コハク酸
b　無水コハク酸
c　無水イタコ酸
d　無水グルタル酸
e　無水フタル酸
f　2-スルホ安息香酸無水物
g　エチレンジアミン四酢酸二無水物
h　4,4'-（ヘキサフルオロイソプロピリデン）ジフタル酸無水物

上記の 8 種類の酸無水物を用いてサクサン絹糸への化学加工を行った（図6.17）。試薬の反応性が異なるとサクサン絹糸の加工率には差が生ずる。2-スルホ安息香酸無水物による化学加工では，加工率が最も高い22%となり，無水イタコ酸と無水フタル酸での加工では逆に加工率は低くなった。

　酸無水物は，サクサン絹糸の塩基性アミノ酸（Lys, Arg, Hist）と化学結合することが明らかになった。なお，Lys, Arg, Hist はリジン，アルギニン，ヒスチジンの略である。化学反応することにより，化学染料によるサクサン絹糸の染着性を向上させることが可能となった。

　チオシアン酸リチウム（LiSCN）水溶液による前処理でサクサン絹糸の特性が劣化することはないだろうか。前処理したサクサン絹糸の示差走査熱量計（DSC）測定を行った。DSC 曲線を見てみよう（図6.18）。対照区のサクサン絹糸は熱分解による吸熱ピークが360℃，LiSCN で前処理したサクサン絹糸の熱分解温度も360℃ほどであり，前処理をしても絹糸の熱分解温度には差が見られない。LiSCN 水溶液で前処理したサクサン絹糸の強伸度を測定したところ，前処理をしてもサクサン絹糸の機械的特性は劣化することがない。熱挙動におよぼす前処理の影響は極めて軽微なものと判断できる[32]。

　サクサン絹糸の結晶領域を構成する主要なアミノ酸は，アラニンの連鎖のポリ-L-アラニンである。DSC 測定によると，ポリ-L-アラニンの熱分解温度は，サクサン絹糸の熱分解温度（360℃）とほぼ一致する。なお，サクサン絹糸の

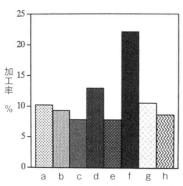

図6.17　前処理後，8 種類の酸無水物
により化学加工したサクサン
絹糸の加工率[2]

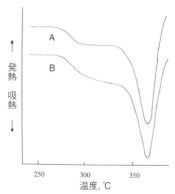

図6.18　サクサン絹糸の DSC 曲線[30]
A：対照区，B：LiSCN による前処理区

熱分解温度は，カイコの絹糸の熱分解より40℃ほど高温であり，サクサン絹糸はカイコの絹糸より耐熱性が優れていることがわかる。

　今後，数多い反応性の試薬を用いて化学加工をすることにより，サクサン絹糸にはどのような新たな機能が付与できるかを，さらに追究する必要があるだろう。化学加工で改質した絹糸を非衣料分野あるいは医療分野に応用するための研究をさらに進めることが望まれる。

⑹　親水性の絹繊維の応用

　グラフト加工や化学加工により絹糸には新たな機能を付与することができる。電荷をもち親水性の官能基を絹糸に導入することで，絹糸表面における細胞の付着性を制御することができるかもしれない。今井庸二[19]は，素材表面における細胞の初期付着率は表面での接触角が60〜70℃で極大となり，接触角がそれより大きくても小さくても細胞の付着率が低下する傾向のあることを報告した。絹糸表面を親水性あるいは疎水性に改変できれば，絹糸表面と水滴とのなす角度，すなわち接触角を変えることが可能となるだろう。そこで，親水性のグラフトモノマーであるメタクリル酸2-ヒドロキシエチル（HEMA）と，親水性がやや劣るがヒドロキシブチルアクリレート（HBA）との組成比を変えた加工浴でカイコの絹糸をグラフト加工してみた。グラフト加工した絹糸をトリフルオロ酢酸（TFA）に溶解することにより調製したシルクドープをエレクトロスピニング（電界紡糸）することにより製造したシルクナノファイバー表面における水との接触角を調べてみた[20]。HEMA と HBA の濃度（% o.w.f.）

を変えてつくったグラフト絹糸を TFA に溶解し 3 種類のシルクナノファイバーを製造した（a, b, c）（表6.3）。ノノファイバー試料の表面と水滴のなす接触角と HEMA 含量との関係を調べてみよう。HEMA でグラフト加工した絹糸の接触角は，HEMA で加工したナノファイバーの接触角よりも高い値を示す。全体的な傾向としては，HEMA 含量が増えると，いずれのナノファイバーでも接触角が次第に低下する（図6.19）。親水性度合いが異なる絹糸から製造したナノファバーの接触角を見てみよう（図6.20）。図6.20にある試料の説明をしておきたい。たとえば，表6.3にあるように b HEMA30-HBA5は，30% o.w.f.の HEMA と 5 ％ o.w.f.の HBA を含む加工浴でグラフト加工した絹糸から製造したシルクナノファイバーを意味する。絹糸とシルクナノファイバー

表6.3　シルクナノファイバーの試料名とグラフトモノマー組成比

試料名	HEMA % o.w.f.	HBA % o.w.f.
a	35	0
b	30	5
c	30	5

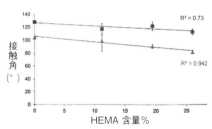

図6.19　接触角と HEMA 含量との関係[20]
試料：■ 絹糸，▲ ナノファイバー

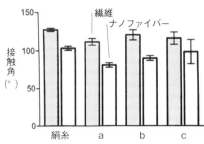

図6.20　接触角とグラフトモノマーの組成比[20]
モノマー濃度（% o.w.f.）：a, HEMA35，b, HEMA30-HBA5，c, HEMA25-25-HBA10

（a，b，c）における接触角の違いを見てみよう（図6.20）。ナノファイバーa，b，cにおける接触角は，対照区の接触角より小さな値となり，試料表面が親水性であることが示唆される。接触角が低下するのは，加工に用いた水酸基をもつ親水性のHEMAが高分子化して試料内部に充填するためである。こうした結果は，グラフト加工を行うことで絹糸やシルクナノファイバーにおける水との接触角を制御することの可能性を示唆する。将来的には，グラフト加工法を採用することにより，絹素材表面における細胞の付着程度，あるいはその後，細胞が組織分化する容易さを制御できるかもしれない。

⑺　絹繊維製品の撥水性を向上させる化学加工

　草花の葉先で小粒の朝露がビーズ玉のように光を浴びて輝いている光景を見掛けることがある。水が小さな粒になるのは，葉の表面にある極微細な凹凸構造のため水をはじくためである。絹繊維の表面は親水性であり，比較的に水を吸いやすいが，微細的に見ると絹繊維の表面は，親水性と疎水性の絶妙なバランスで構成されている。疎水性の試薬による化学加工で絹繊維表面を撥水性にすることができるものと予想して実験を進めることにした。

　絹繊維への化学加工に関しては著者には多くの蓄積データがあるので，まず，素材表面を撥水性にするための加工試薬を検索することにした。絹繊維が耐久性の撥水性表面に改変するため，絹繊維と化学結合する撥水性試薬の中から，分子側鎖に長い炭化水素鎖をもちタンパク質繊維と化学反応をする試薬を探すことになった。条件に合う試薬を試薬カタログの端から端まで詳しく調べ

たところ，化学加工用の試薬として無水-2-(1-オクタデセニル)コハク酸（ODSA）を見つけることができた[11]。ODSA10%あるいはODSA20%を含むジメチルスルホキシド（DMSO）の加工浴に絹繊維を入れ，80℃で時間を変えて化学加工を行うことにした。ODSA10%濃度で化学加工すると，反応時間が長くなると絹繊維の加工率は増大する。ODSA20%で化学加工した絹繊維の加工率はODSA10%で加工したときよりも若干低下する傾向が見られた（表6.4）。こうした化学加工用試薬により絹繊維への加工が可能であることがわかった。有機溶媒が異なると絹繊維への化学反応性に違いが見られ，ジメチルホルムアミド（DMF）よりはDMSOを使用することで加工率が増大する[11,12]。

　化学加工した絹繊維に撥水性があるかどうかを次の方法で評価することにした。化学加工した絹繊維表面にマイクロピペットで0.2 mLの水滴を滴下し3分後，試料表面に付着する水滴を真横から写真撮影した（図6.21-1，図6.21-2）。水滴は試料表面に対して一定の接触角を保ちながら付着しており，絹糸表面が撥水性になっていることが確かめられた。加工率が増大すと絹糸表面での水滴の接触角が増加する。撥水性の絹繊維製品を衣料用に使用すると，泥水汚れの付着が防止できる。水汚れとは異なり，脂肪などを含む油分の汚れは化学加工すると絹糸に吸着しやすくなる。付着する汚れの原因が水性か油性

表6.4　ODSAで化学加工したカイコ絹糸の加工率（%）（80℃）

	反応時間，時間				
	1	2	3	5	7
ODSA10%	9.2	11.3	12.1	12.5	16.1
ODSA20%	7.7	9.1	10.1	15.1	16.5

ODSA10%：10%のODSAを含むDMSO中で絹糸を化学加工。

図6.21-1　撥水性絹糸に付着する水滴

図6.21-2　水滴の付着状態

かの違いがわかれば，撥水性絹繊維は目的に合わせ利用することができる。

⑻　酵素処理で劣化するシルク膜

　シルクをヒトの生体に移植するバイオ材料への応用の可能性を追求するための基礎実験を行うことにした。カイコの絹糸を濃厚な塩化カルシウム水溶液に溶解し，水と置換して調製できるシルク水溶液をポリエチレン膜の表面に広げて乾燥固化することによりシルク膜を製造した。シルク膜を酵素水溶液に入れ37℃で培養しながら試料重量の変化を調べてみた（図6.22）。用いた酵素はコラゲナーゼ（Typ F），αキモトリプシン（Type I–S），プロテアーゼ（Type XXX）の3種類である。所定の培養日数（1〜17日）の後，培養液から取り出したシルク膜の特性を調べることにした。酵素水溶液で処理したシルク膜と，対照試料であるシルク膜の重量変化，強度と分子量を測定した。培養10日まではいずれの酵素処理区でもシルク膜の強度はほぼ4 Nであり有意な差異は見られないが，培養17日ではプロテアーゼ使用区のシルク膜の強度は3 Nにまで低下する。キモトリプシン処理したシルク膜の強度の低下は軽微であった。培養日数が経過するにつれて試料重量は，いずれの酵素処理区であっても減少するが，試料重量の減少量が最も明瞭であったのはプロテアーゼ使用区であった（図6.22）。一方，培養日数が変わってもコラーゲナーゼとキモトリプシで処理したシルク膜の重量が低下する度合いは軽微であった。酵素の培養過程でシルク膜の分子量がどのように変化するか調べてみた。培養日数17日で重量平均分子量が目立って低下したのはキモトリプシンで処理したシルク膜であり，プロ

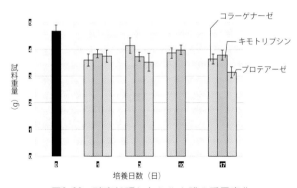

図6.22　酵素処理したシルク膜の重量変化

テアーゼによる処理ではシルク膜の重量平均分子量の低下は軽微であった（図6.23，図6.24）。

シルク膜を酵素で培養する代わりに，ヒトの体液に含まれる主要な酵素を作用させたとき，シルク膜にはどのような特性変化が起きるのかを解明することは今後追究すべき課題となるだろう。

⑼　土に埋設したテンサン絹糸の経時的な形態変化

スチール製のワイヤーと同じほどの強度をもつ絹糸ではあるが，土壌中の微生物の作用で絹糸に劣化が起これば，絹糸はジオテキスタイル分野での応用が可能となり，将来は土木工事分野に利用できるかもしれない。こうした期待にもとづいて次のような実験を行うことにした。

タンパク質繊維である野蚕の絹糸を土壌に埋めると絹糸にはどのような劣化が起きるのであろうか。野蚕シルクのサクサン絹糸を園芸用の土壌（商品名：コンパル）に埋め，埋設時間が経過すると絹糸にはどんな形態的な変化が起こるか観察してみた。土壌中での分解が促進するよう2〜5日ごとに散水し，土壌の温度を24℃〜30℃に保ちながら，埋設2か月後のサクサン絹糸の形態を走査型電子顕微鏡（SEM）で観察することにした。埋設前のサクサン絹糸の表面は平滑であるが，埋設したサクサン絹糸表面は凸凹状態になり，土壌の微生物による侵食が進み数多くの不定形の穴が見られた（図6.25-1，図6.25-2）。

サクサン絹糸の断面を透過型電子顕微鏡で観察すると，内部の密度が小さく，丸形〜楕円形，あるいは波状など不定形で微細な孔（ボイド）が数多く形

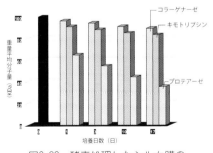

図6.23　酵素処理したシルク膜の分子量（Mw）

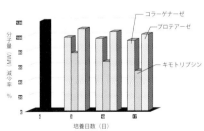

図6.24　酵素処理したシルク膜の分子量（Mw）

成されている（図6.26）。土壌に埋設することでサクサン絹糸に生ずるこうした形態的な変化は、土壌微生物によってまず絹糸表面が侵食され、続いて内部にある無定形の孔が表面に露出することによって生ずるものと考えられる。

　土壌に埋め込めたサクサン絹糸の強度と伸度は、埋設期間が長くなるにつれて低下することが確認された（表6.5）。サクサン絹糸の強度と伸度の低下する割合は、カイコの絹糸の強度と伸度の低下よりは顕著である[17,18]。今後、野蚕絹糸やカイコの絹糸を土壌に埋設することにより、ジオテキスタイル分野で活用できるか、機能面と経済面での諸条件を考えながら研究を進める必要があるだろう。

図6.25-1　土壌埋設したサクサン絹糸

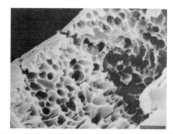

図6.25-2　土壌埋設したサクサン絹糸の断面図[17]

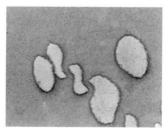

図6.26　透過型電子顕微鏡によるサクサン絹糸の断面写真

表6.5　土壌に埋設したサクサン絹糸の機械的特性[17]

	埋設期間，月		
	0	1	2
強度，gf	3.6	1	0.3
伸度，%	40.1	29	21
ヤング率，kg/mm^2	730	322	205

参考文献

11) T. Arai, G. Freddi, R. Innocent, D.L. Kaplan, M. Tsukada; Acrylation of silk and wool with acid anhydrides and preparation of water-repellent fibers, J. Appl. Polym. Sci., **82**, pp. 2832-2841 (2001)

12) T. Arai, G. Freddi, F. Innocenti, M. Tsukada; Preparation of water-repellent silks by a reaction with Octadecenylsuccinic anhydries, J. Appl. Polym. Sci., **89**, pp. 324-332 (2003)

13) 塚田益裕；抗菌性シルクの製造と抗菌活性評価，加工技術，**49**(9)，pp. 37-39 (2014)

14) T. Arai, G. Freddi, G. M. Colonna, E. Scotti; A. Boschi, R. Murakami, and M. Tsukada, Absorption of metal cations by modified *Bombyx mori* silk and preparation of fabrics with antimicrobial activity, Journal of Applied Polymer Science, **80**, pp. 297-303 (2001)

15) 塚田益裕；金属を配位させた抗菌性シルク，加工技術，**50**(10)，pp. 22-24 (2015)

16) N. Minoura, M. Tsukada, M. Nagura; Fine structure and oxygen permeability of silk fibroin membrane treated with methanol, Polymer, **31**, pp.265-269 (1990)

17) 塚田益裕，石黒善夫；土壌中でのシルクの分解，加工技術，**49**(5)，pp. 42-44 (2014)

18) M.Tsukada, G. Islam, Y. Ishiguro; Bioactive silk proeins as geotextile substrate, Texties & Clothing Bngladesh, Jan Fe. Mar, pp. 5-6 (2007)

19) 今井庸二，渡辺昭彦；細胞の付着と増殖の制御に関する高分子の基礎的研究．日本化学会誌，(6)，pp. 1259-1264 (1985)

20) P.Taddei, M. Di Foggia, S. Martinotti, E. Ranzato, I. Carmagnola, V. Chiono, M. Tsukada; Silk fibres grafted with 2-Hydroxyethyl methacrylate (HEMA) and 4-Hydroxybutyl acrylate (HBA) for biomedical application. International Journal of Biological Macromolecules, **107**, pp. 537-548 (2018)

21) Y. Gotoh, M. Tsukada, N. Minoura, Y. Imai; Synthesis of poly (ethylene glycol)-silk fibroin conjugates and surface interaction between L-929 cells and the conjugates, Biomaterials, **18**, pp. 267-271 (1997)

22) Y. Gotoh, M. Tsukada, T. Baba, N. Minoura; Physical properties and structure of poly (ethylene glycol)-silk fibroin conjugate films, Polymer, **38**, pp. 487-490 (1997)

23) Y. Gotoh, M. Tsukada, and N. Minoura; Effect of the chemical modification of the arginyl residue in Bombyx mori silk fibroin on the attachment and growth of fibroblast cells, J. Biomed Mater Res., **39**, pp. 351-357 (1998)

24) N.Minoura, S. Aiba, H.Higuchi, Y.Gotoh, M.Tsukada,; Y.Imai, Attachment and growth of fibroblast cell on silk fibroin. Biochem Biophys Res Commun, **208**, pp. 511-516 (1995)

25) N.Minoura, S. Aiba, Y.Gotho, M. Tsukada, Y. Imai; Attachment and growth of cultured fibroblast cells on silk protein matrices, J. Biomed Mater Res **29**, pp. 1215-1221 (1995)

26) M.Tsukada, F. Freddi, M. Nagura, H. Ishikawa, N. Kasai; Structural changes of silk fibers induced by heat treatment. J. Appl. Polym. Sci **46**, pp. 1945-1953 (1992)

27) M. Tsukada, G. Freddi, N. Kasai, and P. Monti; Structure and molecular conformation of tussah silk fibroin films treated with water-methanol solution, Journal of Polymer Sci., Polymer Phys Ed., **36**, pp. 2717-2724 (1998)

VI

シルクに関する面白い話あれこれ

28) M.Tsukada, H. Shiozaki ; J Appl. Polym Sci, Chemical and property modification of silk with dibasic acid anhydrides, **37**, pp. 2637-2644（1989）

29) M.Tsukada, Y. Gotoh, G. Freddi, H. Shiozaki ; Chemical modification of silk with aromatic acid anhydrides. J. Appl Poly. Sci. **45**, pp. 1189-1194（1992）

30) M.Tsukad, T.Aari, S. Winkler ; Chemical modificaiton of tussah silk with acid anhydrides. J. Appl. Polym. Scie, **78**, pp. 382-391（2000）

31) M.Tsukada, G. Freddi, Y. Gotoh, N.Kasai ; Physical and chemical properties of tussah silk fibroin films. J Polym Sci, Polym. Phys. Ed, **32**, pp. 1407-1412（1994）

32) M.Tsukada, F. Freddi, M. Nagura, H. Ishikawa, N. Kasai ; Structural changes of silk fibers induced by heat treatment. J. Appl. Polym. Sci **46**, pp. 1945-1953（1992）

 試薬濃度の単位

　絹糸へのグラフト加工で使用する重合開始剤の濃度単位は％o.w.f.であり，絹糸の重量に対する薬品濃度を％表示したものである。重合開始剤濃度の％o.w.f.になじまないで，誤って加工溶液％として重合開始剤を秤量してグラフト加工すると，絹糸は黄褐色に変色してしまい絹糸の実用的価値が減少する。

　濃度単位に違いがあると絹糸の色調にはどんな変化があるか検証してみよう。メタアクリルアミドをグラフトモノマーに選び，重合開始剤は，酸化作用のある過硫酸アンモニウムを用いて絹糸へのグラフト加工を試みた。グラフト加工絹糸の黄変色の度合い（b*）を評価したところ，APS 濃度が 2 ％o.w.f.以下であると，b*値は低い値となり絹糸は着色しないが，APS濃度が 2 ％ o.w.f.以上になると絹糸は著しく黄褐色を呈する。APS は，比較的に穏やかな条件下で絹糸へのグラフト加工を行うためには有効であるが，絹糸の色調変化を抑えるには，APS 濃度は 2 ％o.w.f.を超えないように配慮することが望ましい。

6.3　絹糸昆虫に学ぶ

　絹糸昆虫を相手に長い間研究を続けることができたのはなんと幸せなことであっただろうか。研究のために扱った昆虫から，あれこれ教えられることが多かった。飼育と観察を通して，小さな生き物である絹糸昆虫への愛着がわき，不思議だと感ずることもいろいろあった。絹糸昆虫に魅了されていたのだと今さらのようにわかった。ここでは，絹糸昆虫に初めて触れたときの印象，昆虫に対する思い，昆虫を観察することにより芽生えた昆虫への愛情と魅力について説明しよう。

⑴　絹糸昆虫の飼育からの学び

　絹糸昆虫を長年観察していると，したたかにたくましく生きる昆虫がいる一方で，天敵である蜂や蟻などに攻撃され無残にも餌食になった昆虫の姿を見ることがたびたびあった。絹糸昆虫の飼育を通して，身近にいる昆虫は絶えず弱肉共食の世界にすんでいることを改めて知ることができた。どんな生物でも生きるためには，弱肉共食という自然界の厳しい掟から逃れることはできない。それにもかかわらず天敵の目から逃れて，絹糸昆虫が力強く生きる生命力をもち備えていることは驚きである。天敵からの攻撃を避けながら一生懸命に生きようとする旺盛な生命力を備えている小さな昆虫の姿に思わず魅せられてしまう。野山で健気でしかもしたたかに生きる絹糸昆虫に出会ったときには，昆虫

への愛着を感じて，言葉で伝えることはできないことはわかってはいても，「加害動物にだけは気を付けろヨ！」と思わず声をかけてしまう。

　拙著ではヒトのために絹繊維をつくってくれる絹糸昆虫の姿を数多くの写真で紹介してきた。ヒトのために尽くしながら，次世代をしたたかに生き抜く技をもってはいても，天敵の被害を受けて生息数を減らすのも絹糸昆虫の宿命である。天敵に食害されることも決して避けられない絹糸昆虫の定めである。天敵に襲われた少し残酷な写真を掲載しようと考え，過去の写真ファイルを探したが目的にあう写真はどうしても見つからない。テンサンなどの野蚕を飼育したことのある知り合いに，食害を受けた昆虫の写真があるかを問い合わせたことがある。手持ちの絹糸昆虫の飼育に関係する写真などを物色したが，該当する写真は1枚もないことがわかった。それは，著者らの関心事は，野蚕の飼育や観察であったので，天敵による被害を受けた絹糸昆虫を撮影する必要がなかったからである。クヌギ樹をネット被覆（図6.27-1）しても，テンサン（3.1）が蟻に食害されるのは日常ありふれた光景であった。しかし，天敵の蟻を退治することが優先したので，蟻による被害を受けたテンサンの写真を撮影する必要性を感ずることはなかった。今さらながら，食害されるテンサンの写真を撮影しておけばよかったと思う。

　共著者は，自宅の庭でアシナガバチらしい蜂がオオミズアオ幼虫を食害するところを見たことがある。庭に植えられたモミジ樹が図6.28，水挿し飼育して育てたオオミズアオ幼虫と営繭中のオオミズアオの写真が図6.29である。ある日のこと，飼育したオオミズアオの身体を，獰猛な蜂が食いちぎって自分の巣

図6.27-1　ネット被覆によるテンサン飼育

図6.27-2　飼育ネット被覆内のクヌギ樹

にもち帰る現場を目撃した。何回となく行ったり来たりしながら蜂はオオミズアオ幼虫のほとんどを短時間でもち去ってしまった。こうした光景を見てはいても，被害を受けた昆虫を撮影する必要性を感じなかったのは今考えると少し残念なことであった。庭に植えた桑樹で3～4匹ほどのクワコの幼虫を飼育したときのことであった。クワコは野鳥に見つかり，またたくまに全部食べられてしまった。クワコは昼間の明るいときには，株元に降りて静かにしているが，加害野鳥がモズであったのかムクドリであったのかは不確かであるが野鳥の目にとまり，一瞬でもち去られてしまった。野鳥が 嘴 （くちばし）でクワコを咥えてから，飛び去ってしまうまではほんの一瞬の出来事であった。こうした食害の状況を写真撮影しておければ，小さな昆虫が弱肉共食の世界で生息することを写真により知っていただけたはずである。

　外敵から逃れるため，テンサンはネット飼育が有効であることを説明した（3.1）。安全であるはずのネット飼育であってもテンサンは外敵から身を守る行動を本能的にとることがあるらしい。大変に不思議なことではあるが，クヌギの葉を食べているテンサンを撮影しようとできるだけ静かに近寄ってもテンサンは何らかの気配を感じるらしく，食葉をすぐに止めて完全に身動きを停止してしまう。JR相模線の直近にある神奈川県農業総合研究所蚕糸検査場のテンサン飼育脇には，1時間に1本ぐらいの割合で電車が音を立てて走る。毎日のことなのでテンサンは電車の走る音に慣れていてもよさそうであるが，電車が通過する音がしただけで，食葉を止め，身を縮めて静かになるのも不思議なことだ。テンサンは外界の音の振動を体で敏感に感じたり電車の騒音にも反応

し，人影や音波に対して極めて敏感な拒否反応を示すのかもしれない。幼虫の体には音を聞き取る器官があるのかどうか科学的には解析されていない。大変臆病な昆虫に見えるテンサンが，音波を敏感に感ずる機構を備えているならば，このことが外敵から身を守る防衛本能なのかもしれない。音響に対して鋭敏な聴音機構がテンサンに備わっていることを科学的に解明できれば，新たな生物学的な発見となるのではないだろうか。将来は，音響の反応器官や聴音機構を模擬した音響センサーを開発するためのバイオミメティクス（6.3(9)）の研究対象になるかもしれない。

⑵　理科教材に適する絹糸昆虫

　絹糸昆虫であるテンサンやサクサンを野山で見かけたり，農家が飼育するカイコを見た経験をおもちの読者がおられるかもしれない。しかし，一般の人

図6.28　絹糸昆虫がすみつくモミジ樹

図6.29　水挿し飼育のオオミズアオ幼虫（左）営繭中のオオミズアオ（右）

が，出会った絹糸昆虫に手を触れる機会は大変に少ないはずであろう。野蚕ばかりではなく，カイコの仲間のクワコを目にすることさえ希（まれ）であるので，見慣れない小さな生き物の絹糸昆虫に対しては親しみを覚えないのは当然である。

　昆虫を見慣れ，昆虫を飼育する機会が増えれば，昆虫に愛着を感ずるようになるに違いない。昆虫が好きな少年少女には，飼料樹の枝を水挿してテンサンやサクサンを飼育することをすすめたい。飼育方法が簡単なカイコであれば蚕業の関連業者から入手できる人工飼料により一年中飼育することが可能である。カイコは家庭で飼育できるため理科教材としても適している。飼育をとおして昆虫の生態を見慣れるようになれば，昆虫への愛着がきっと芽生えるはずである。

　理科教材に適するカイコや絹糸昆虫を飼育しながら，その成長の速さがどれほどか観察することができるだろう。カイコが桑や人工飼料を食べるのをやめ脱皮のために静止する時期（眠（みん））をじっと観察することができる。脱皮を繰り返しながら幼虫が成長し，そして繭づくりと，雌蛾が産卵するようすがわかる。カイコを飼育しながら生命の尊さや生き物を愛することを学べるのは何と素晴らしいことだろう。

　千曲市（ちくま）（長野県）が企画する「理科に親しむ教室」で，小学校生にカイコの話をしたことがたびたびある。小学生に生きた何頭ものカイコを渡しながらカイコの生態を説明した経験談をお話しよう。初めてカイコを見る小学生は，悲鳴を上げ恐れをなして腰を引くが，生きたカイコの絵を描いたり，カイコを見慣れると，手に触れることができるようになる。カイコの飼育を通じて小学生

VI

シルクに関する面白い話あれこれ

212

は，生命の尊さを学び，昆虫への愛着を育むことができるようになる。神奈川県蚕糸検査場（1998年県の機構改革により廃止）では，年に2日間，施設を開放して小学生などに，絹糸昆虫に関連するテンサンやカイコの観察，糸繰り，真綿や繭人形，組み紐つくりなどが体験できる説明会を開催した（図6.30）。昆虫の話を聞き，昆虫を見慣れることで，小さな虫への親しみがもてるようになり，同時に食害被害を受ける現状を説明することにより，昆虫の生存競争の厳しさを知っていただくことができた。天敵の犠牲になる個体がいても，絹糸昆虫が懸命に生きようとするたくましい姿を私たちが見ながら細かく観察することができる。昆虫に学ぶことは多い。

　先入観で昆虫を毛嫌いするヒトが多いことは，何とももったいない話なのだろうか。世に昆虫嫌いの人は確かにいて，昆虫を敬遠する理由はそれぞれあるのかもしれない。偶然に目に入った何百匹の幼虫が群になってシンクロするかのようにいっせいに動き回るようすは，昆虫嫌いのヒトではなくてもなんとも気持ちが悪く不気味に見える。明確な理由がないまま群れをなしていっせいにピクピクと動き回る幼虫には近寄りがたい恐怖感を感ずるかもしれないが，昆虫の飼育や観察をすることで昆虫への恐怖は和らぎ，愛着が増すことを経験したことがある。

　初めてクスサン幼虫を見て恐怖感を覚えた話を紹介しよう。信州大学繊維学部の大室農場で見つけたクスサンには，体側両面に何か所もの青色の輪のような「気門」の環状紋が一列に8個ほど並んで付いている（図6.31）。おまけに，体には1cm以上もある数限りない白色の産毛が密集して生えている。環状紋

図6.30　親と子の蚕自然科学教室

図6.31　クスサンの産毛と青色の
　　　　環状紋（気門）

213

（気門）と産毛の組み合わせがいかにも毒々しい印象を与える（5.3）（図6.31）。触れると体毛で刺されて痛い思いをするのではないかとの先入観は確かにあった。それでも，飼育しながら観察する必要性があるので，勇気を出してクスサンをつまみ上げて自宅にもち帰った。クスサンを毎日見続けながら飼育すると，恐怖心は次第に薄らいで手で触れることができるようになった。見慣れることで恐怖感は消失し，恐怖心から愛着へと不思議な変化が起るのを体験することができた。

　野蚕を飼育すると，野外の絹糸昆虫が天敵の被害を受けても非常に強い生命力を備えていることに感動したことがある。テンサンを例にして説明しよう。野外には，テンリンを取り巻く蜂，蟻，セミ，カマキリ，ネズミなど何十種もの加害動物が多く，残酷なことであるがこれら天敵の犠牲になる数多くのテンサンがいる（3.1）。人間の目には見えないところで，昆虫は食害による危険性と共存しているのである。一方，天敵からなんとか逃れて一生を「安泰に」送り，次世代へと命をつなぐテンサンの個体も多い。天敵から隔離して野外で昆虫を飼育するには，テンサン用の観察ネット（図6.32）で被害を極力食い止めることは可能であるが（3.1(5)），ネット飼育をしてもテンサンが繭をつくる割合（結繭率）は，室内で飼育するカイコの結繭率ほど高くはないことも事実である。天敵による食害を受ける外界が次世代のためには安全で良いのかどうかをテンサンに直接聞いて見たいものである。

　絹糸昆虫を詳しく飼育することにより野蚕やカイコが子孫を残すためどんな配偶行動を取るか知ることができるため，カイコは理科教材として適してい

図6.32　テンサン観察用ネット

る。飼育を通して小学生が昆虫に愛着を感ずるようになり，生命の尊さを知る
きっかけにもなる。場合によっては性教育の教材としても適している。昆虫を
飼育することによって得られる教育上の効果は数多い。

(3)　不思議なことが多い絹糸昆虫

　絹糸昆虫に愛着を覚えるためには飼育しながら，できるだけ細かく観察する
ことが望ましいことは前節で述べたとおりである。詳細に昆虫を観察しても，
昆虫科学が進歩した現在でも科学の知識では解き明かされないことが多い。

　ある種の絹糸昆虫は夏眠をすることを例にしてお話しよう。テンサン，クス
サン，ウスタビガなどの絹糸昆虫は，高温や乾燥に対する適応行動として，休
眠状態で過ごす「夏眠」をする。テンサンの蛹を15〜24日の間，10℃で処理し
てから室温に戻すと成虫分化が促進され，その結果，羽化期をある程度早める
ことができる[37]。蛹への連続光照射により，成虫分化を抑制することができ，
蛹夏眠は主に幼虫期の日長によってもコントロールできる[37]。絹糸昆虫の中に
は夏眠をしないものがあり，夏眠をするかしないかの現象には不可解なことが
多く，蛹夏眠がなぜ起こるかの全体像を明らかにするには，さらに追究すべき
事柄が多く残されている。

　テンサンの翅色（体色）が多種多様であることも不思議なことである（3.1
(21)）。それに対する生物学的な解釈が不十分であることが気になる。絹糸昆虫
が営繭するために吐糸する繭糸のシルクタンパクは絹糸腺で生合成され，終齢
では絹糸腺が異常ともいえるほど劇的に肥大する。カイコの絹糸腺重量は，孵

化したばかりの蟻蚕の絹糸腺重量のおよそ16万倍にまで増大するほどである。成熟した吐糸直前の熟蚕を解剖すると、比較的大きな器官である中腸と後腸のサイズに較べて、絹糸腺の大きさが目立ち（図6.33）、カイコは繭糸をつくるために家畜化された昆虫であることを改めて感ずる。

　熟蚕は吐糸して繭をつくる（営繭）が、絹糸昆虫の種類によっては吐糸量に大きな差があることも不可解である。大きい幼虫であれば絹糸腺が大きい傾向がある。非常に薄い繭をつくるクワコ（5.1）がいる反面、ヨナグニサン（3.2）は、カイコ繭の約2.5倍の重さの繭をつくる。どの昆虫も生きるために必要な植物の葉を食べるのに、どうして昆虫間には繭重や繭層重に差が生ずるのだろうか。

　摂取した食物量に対する消化吸収する食物量の割合（消化率）が昆虫個体間で違うためかもしれない。植物の葉には昆虫が成長するに必要なタンパク質、脂肪あるいはその他の栄養分が含まれる。絹糸昆虫の吐糸量は摂食する植物の葉の消化率と関連するのであろうが、昆虫個体間でも消化率に違いがある。カイコは一生の間に20gほどの桑葉を摂食して成熟するが、消化する桑葉量はたった40%くらいである。タンパク質、脂質、繊維質、ビタミン類、カルシウムなどのミネラルや葉緑素などを含む桑葉をカイコが食べても、桑葉重量の60%ほどは糞として排出してしまう。植物葉を摂食するカイコにはエネルギー収支から考えるとあまりにも無駄が多すぎる。葉緑素の有効な再利用法が開発されれば、カイコの糞に含まれる葉緑素などの副産物はヒトの役に立つ資源となり、糞の有効利用法が期待できるはずである。桑葉の例からもわかるよう

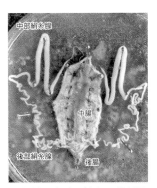

図6.33　カイコ幼虫の解剖図

に，カイコが食べる飼料には，栄養学的にはあまりにも無駄が多いのである。絹糸昆虫の消化率を少しでも上げるための品種改良を行うことはできないだろうか。排出する糞に含まれる副産物の一部を昆虫がつくるシルクに効率的に還元する機能を有するカイコの品種選抜ができることを望みたい。絹糸昆虫の消化量を今よりも僅かでも増大できる良い解決策が見つかればカイコの副産物利用の展開に大きく貢献することになるだろう。より少ない栄養分でカイコの繭重を増加させることができ，シルクは，非衣料用の素材として広範に利用でき，機能性素材，工業用品，医療器材，そして食品として利用することが可能となるかもしれない。

　将来技術としてカイコの品種改良の重要性を再認識することも大切である。壮健なカイコで多い繭糸量をつくり出すことが可能となる品種選抜ができないだろうか。カイコ幼虫は通常，4回の脱皮の後，最終齢の5齢幼虫となってから営繭する。しかし，カイコにトリフルミゾール（triflumizole）という抗幼若ホルモン（anti–juvenile hormone）を投与するとカイコは4回目の脱皮をすることなく3回目の脱皮（三眠蚕）の後，熟蚕となり小さい繭をつくる。実用品種の繭の1/3ほどほどの大きさの三眠蚕繭（a）と実用品種（b）の繭，そして毛羽に包まれるボカボカした綿蚕（わたこ）の繭（c）を比べてみよう（図6.34）。抗幼若ホルモンを投与するとカイコは小型の繭をつくる。三眠蚕の繭糸は，繊維径が約1.96デニールの細い繭糸となる。実用品種の繊維径は2.5〜3.4デニールくらいであるので，三眠蚕繭の繊維径がいかに細いかがわかるだろう。

　カイコや野蚕繭から繰り取れる（繰糸できる）繭糸の長さは，品種によって

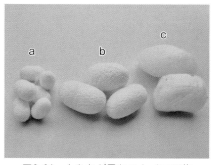

図6.34　大きさが異なるカイコの繭
a：三眠蚕，b：実用品種，c：綿蚕

異なる。野蚕繭から取り除く毛羽の量の違いによっても繭糸長は若干異なるが、およそ330〜600mぐらいで、カイコの繭糸長の1/3〜1/2以下である。野蚕繭を煮繭するには、カイコの繭と違って少し過酷な条件での煮繭が必要である。テンサン繭の糸繰り（繰糸）には、馴れと熟練を要する。カイコの繭とは違って容易に煮繭したり繰糸ができないのが野蚕繭である。これは、野蚕の繭糸にはタンニン酸が含まれ、繭糸表面を覆うセリシンが水に対して難溶性になり煮繭を困難にしているためである。野蚕繭糸の特性が劣化することなく、繭層セリシンを軽く軟和できる化学薬剤の開発を期待したい。カイコの繭糸や野蚕繭糸を穏やかな条件で精練するためパパイン酵素などを用いる方法はあるが、従来にない新規な酵素で効率的に精練するための技術開発が望まれる。

⑷ 昆虫を食べる

　昆虫食は、将来の食料事情を考える上で重要な話題となるのではないだろうか。世界の飢餓人口はおよそ8億2,100万人で、9人に1人が飢餓と闘っている。食料事情を少しでも改善するには昆虫を食料とすることが一つの解決策になるのではないかと密かに考えている。世界の人口は急速に高齢化に向かっており、世界人口の9％が65歳以上であり、2050年までには16％へと増大する（2019年）[33,36]。開発途上国に対する食料支援は重要課題で、「先進国の食糧廃棄を減らす」ことが大事な達成目標である。国連食糧農業機関（FAO）は、世界的な人口増加にともなう食糧難を救うためにタンパク質源としての昆虫食を推奨している。

FAO が推奨している昆虫食の背景を改めて考えてみよう。カイコの幼虫と蛹の重さの60～80%が水分である。水分を差し引きした乾物の粗成分は，タンパク質55～65%，脂肪10～35%，繊維などと灰分である[38]。カイコの蛹100 gのエネルギーは，約230 Kcal で，魚介類，肉類，卵類のエネルギーと比べて遜色ない[38]。白アリの幼虫は，高級な霜降り肉と同様の高い栄養価があり，白アリ幼虫は絹糸昆虫の蛹と同様に，将来，大切なタンパク質やミネラル源になるかもしれない。昆虫食は，生物資源としてエネルギー補給源に役立つはずである。野蚕の蛹はカイコの蛹より肥大しており，重量で３倍以上重い（巻末の第４表）。野蚕の人工飼料はすでに開発されており，必要となれば人工飼料などで野蚕を飼育することにより必要量の蛹は補給できるだろう。

　昆虫を食べる風習はアフリカ，南北アメリカ，アジア，ヨーロッパなど世界ではかなりの国に広まっており，少なくとも千数百種の昆虫がさまざまな国の食卓にのぼっている。タイでは，カイコの蛹，ハチの幼虫，イナゴなどを甘露煮にして販売する市内の市場を見たことがある[33,34,35]。日本ではタガメをたべる習慣はないが，タガメを食べることはタイ人には日常のことであり，市場で売られる多量のタガメを見た（図6.35）。タイ市内の市場では，丸まると太っ

図6.35　タガメの乾物（バンコク市内）　　図6.36　エリサンの蛹（バンコク市内）

図6.37　イナゴの甘露煮（バンコク市内）

たエリサンの蛹（図6.36）の水煮や，イナゴ（図6.37）の甘露煮を売る店があった。訪泰（タイ国）したとき，いろいろな昆虫の佃煮を売る屋台（図6.38）があり，塩味が付いたカイコの蛹（図6.39）を求めてタイ人女性が購入する光景を覚えている。ラオスなどの東南アジアの国でも，タガメは高級食材として親しまれている。韓国南部の釜山市にあり新鮮な魚介類を販売するジャガルチ市場でも，水煮したカイコの蛹が一升枡に盛りつけられ300円ほどで売られていた。中国では古くからサクサンの蛹を食べる風習がある。

　戦時中にはタンパク質源，ミネラル源としてカイコの蛹を戦地へ送ったことがあった。今でも日本では地域によってはイナゴやカイコの蛹や蛾，蜂の子を食べる風習がある。アジア諸国ではカイコの蛹や蛾をはじめバッタ，イナゴなどが比較的多く食用に供されるので，わが国でも昆虫を食べることへの抵抗性は次第に薄れるのかもしれない。

　話が少し飛躍するが，急激に進化を遂げている宇宙開発における宇宙食としても昆虫食には利点が多い。近年，宇宙生活が長期間にわたる計画が進んでおり，宇宙食として魚や肉に代ってタンパク質源としてカイコや野蚕の蛹を利用することが考えられる。宇宙空間でも人工飼料を用いればカイコや野蚕が飼育できる。繭殻中の蛹は動物性タンパク質資源として食に供され，繭糸を加水分解して得られるアミノ酸や低分子量ペプチドに機能性物質（3.1(27)）がさらに見つかれば，健康食品・サプリメントとして宇宙空間でも利用することができる。

　カイコは桑葉を摂取しても60%が糞として排出してしまうことを先に説明した（6.3(3)）。遺伝子組換え技術やカイコの品種改良で新しいカイコの品種を選

図6.38　昆虫を販売する屋台
　　　　（バンコク市内）

図6.39　カイコの蛹（バンコク市内）

抜することにより，飼料の消化率を高めるカイコはできないだろうか。目的にあった野蚕の品種改良ができれば，野蚕あるいは野蚕に関連する機能性のタンパク質を多目的に利用できることになるだろう。品種改良により野蚕やカイコの生育期間を短くしたり，繭糸量を増加させることができれば，新規シルクの応用研究にも期待がもてる。野蚕のシルクには多様な生理活性機能（5.7(4)）が見つかっているので，広範な医用分野での応用が可能となるはずである。

(5) 昆虫研究に課せられた今後の課題

今後，昆虫研究をさらに進展させるために日ごろ考えていることを提案させ

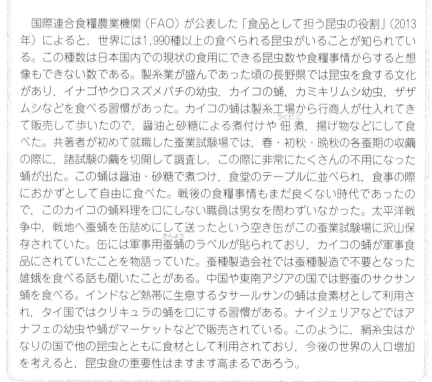

Column　◆◆◆ 絹糸虫の昆虫食 ◆◆◆

　国際連合食糧農業機関（FAO）が公表した「食品として担う昆虫の役割」（2013年）によると，世界には1,990種以上の食べられる昆虫がいることが知られている。この種数は日本国内での現状の食用にできる昆虫数や食糧事情からすると想像もできない数である。製糸業が盛んであった頃の長野県では昆虫を食する文化があり，イナゴやクロスズメバチの幼虫，カイコの蛹，カミキリムシ幼虫，ザザムシなどを食べる習慣があった。カイコの蛹は製糸工場から行商人が仕入れてきて販売して歩いたので，醤油と砂糖による煮付けや佃煮，揚げ物などにして食べた。共著者が初めて就職した蚕業試験場では，春・初秋・晩秋の各蚕期の収繭の際に，諸試験の繭を切開して調査し，この際に非常にたくさんの不用になった蛹が出た。この蛹は醤油・砂糖で煮つけ，食堂のテーブルに並べられ，食事の際におかずとして自由に食べた。戦後の食糧事情もまだ良くない時代であったので，このカイコの蛹料理を口にしない職員は男女を問わずいなかった。太平洋戦争中，戦地へ蚕蛹を缶詰めにして送ったという空き缶がこの蚕業試験場に沢山保存されていた。缶には軍事用蚕蛹のラベルが貼られており，カイコの蛹が軍事食品にされていたことを物語っていた。蚕種製造会社では蚕種製造で不要となった雄蛾を食べる話も聞いたことがある。中国や東南アジアの国では野蚕のサクサン蛹を食べる。インドなど熱帯に生息するタサールサンの蛹は食素材として利用され，タイ国ではクリキュラの蛹を口にする習慣がある。ナイジェリアなどではアナフェの幼虫や蛹がマーケットなどで販売されている。このように，絹糸虫はかなりの国で他の昆虫とともに食材として利用されており，今後の世界の人口増加を考えると，昆虫食の重要性はますます高まるであろう。

ていただきたい。唐突に思える提案となるかもしれないがご容赦いただきたい。生物学を専門とする研究者には，カイコや野蚕の蚕品種改良と育成技術の重要さを再認識してほしい。カイコの品種の育成に関する情報をできるだけ多く集積し，収集した資料にもとづいて所望する諸特性を備えた絹糸昆虫を選抜することができれば理想的である。飼育過程では齢が揃い，蚕病に抵抗性があり強健なカイコは，飼育が容易となり，カイコの品種選抜により多くの繭層量を生み出す絹糸昆虫が得られるのではないだろうか。

　テンサンの繭を例にしてお話しよう。テンサンの繭重は，カイコの繭重の3倍以上の重さであるが，その繭重に対する繭層重の割合（繭層歩合）はカイコの繭層歩合の1/2以下である。野蚕の繭糸の繊維径はカイコの繊維径より2倍以上大きいが，野蚕繭糸長はカイコの繭糸のせいぜい1/3程度に過ぎない。テンサンの繭はカイコの繭より大きく繭糸長が短いのである。繭から繰糸できる繭糸量が多いテンサンなどの絹糸昆虫を育種法などによって選抜できる可能性に期待したい。

　クモ糸の遺伝子をカイコに組み込むことで，鋼^{はがね}よりも強い絹糸が試験的に得られ，実用化に向けての研究が進んでいる。遺伝子組み換え技術で優れた特性をもつ野蚕品種を育成し，新しい機能を有するシルクの新しい利用法につなげることも大切な課題である。

　ひときわ美しいエメラルドグリーンの色が際立つようなテンサン絹糸を生み出す品種の改良法が普及すれば，希少価値の高いテンサン絹糸の需要は増すはずである。

絹糸昆虫に由来するタンパク質に関連する関係者には，野蚕から調製できるシルクの機能性を活用してヒトの健康を増進するために役立つサプリメント開発に取り組む挑戦をしていただきたい。野蚕のシルクを医療分野，食品分野をはじめ，工業品，インテリア，あるいは工芸品など広範囲に利用するための技術開発が進むことを期待したい。野蚕繭や野蚕絹糸を産業分野で広範囲に利用するための突破口が開かれれば，従来型の養蚕業とは異なる新しい産業が創出できる可能性がある。

　学際領域を結集して絹糸昆虫に由来するシルクの生化学物質を探索し，医療の先端技術で使用できるバイオ材料を創出することは魅力ある課題である。絹糸昆虫の絹糸からは形体が異なるシルク素材がいろいろ調製できる。シルク水溶液の濃度，乾燥温度，あるいは pH を変えることで，シルクは，粉末，膜，繊維，水を含んだゲル，あるいは軽石のように小穴があいた多孔質体にも形を変えることができ，形成性が良いという特徴がある（図6.40）。優れた形成性をもつシルクの特長を生して新しい物づくりが進展することを望みたい。

　カイコの絹糸は，外科用の縫合糸として古くは利用されたことがあり，バイオ材料としての特徴を備えている。体に埋め込んでもアレルギー反応が起こり難く，生体細胞の付着状態が良好である。細いポリエステル繊維表面にシルクの薄膜を被覆し，それを太い注射針を介して犬の大腿静脈内に挿入して針だけを抜き取る。2週間後に静脈を切開して材料表面での血栓付着の有無の観察結果によると，シルクの薄膜表面における血栓の形成が抑制されていることがわかった[39]。シルク膜が血液と接触しても血液凝固が起こり難いためバイオ材料

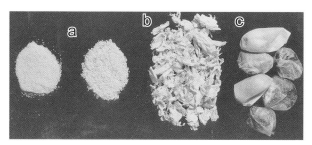

図6.40　成形性に富むシルク
a．粉末，b．繊維，c．繭層の最内層部の「蛹しん」

としてシルクが有望である。シルクは，血液適合性が良いため，医用材料として利用できる可能性がある。シルクなどの絹タンパク質は人体に対する生体適合性が良く，生体細胞の付着増殖性が優れている。シルク膜は湿潤状態では弾性的な特性をもつため，バイオ材料として広範に利用できるものと期待できる。

野蚕の絹糸には，リシン，アルギニン，ヒスチジンなどの化学反応性に富んだ塩基性アミノ酸が含まれている（2.2）。塩基性アミノ酸の側鎖を化学修飾をすることにより天然の絹糸にはない新たな機能を備えたシルクはバイオ材料として有望なはずである。

医用素材をデザインする上でも絹糸昆虫のシルクは役立つ天然素材である。免疫工学や細胞工学といったバイオテクノロジーを支える先端産業の関連分野や先端医療分野への展開にもシルクが大きく貢献することになるだろう。シルクを先端材料として用いるためには，生物学，工学，高分子化学，細胞学，免疫学，医学，薬学そして基礎医学などのいろいろな専門分野の研究者が結集して，学際領域の研究を効率的に行うことが望まれる。

野蚕幼虫や繭糸から，有用物質を取り出すことの可能性についてはすでに説明した（5.7）。繭糸には抗酸化性や紫外線吸収性の低分子成分が含まれ，蛹休眠するシンジュサン（4.4）からは前胸腺刺激ホルモンのボンビキシンが分離できる。ウスタビガ繭にはラット肝ガン細胞の増殖を抑制する活性物質が含まれることが示唆され，テンサン繭層からは，新規活性物資が見つかったとの報告がある（3.1(26)）。野蚕から取り出されるこうした新規な機能性物質は医療分

野や機能性食品分野で有効利用できる可能性が高い。野蚕やカイコに由来する新規な機能性物質は，産業材料として広く応用できるはずである。その可能性を探るためにも，数多くの絹糸昆虫の生活史や生態を知り，匂いや音，振動の受容器の仕組みを解明する研究を進め，バイオミメティクスの対象となる野蚕やカイコの研究が効率的に進展することを期待したい。

⑹ タイ国・タマサット大学の卒業式への出席

「シルクに関する面白い話しあれこれ」を締めくくるにまえに，長い間，共同研究をしてきたタイ国のタマサット大学を訪問したときの貴重な体験談を紹介しよう。バンコク市内から高速道路を車で40分ほど走った郊外に，タマサット大学のランシットキャンパス（Ransit Campus）がある。タマサット大学の繊維学科に勤務し，天然繊維の加工と染色を専門とする科学科部長 Dr. Thongdee Leksophee から，グラフト加工した絹糸の染色を実習形式で学生に指導してほしいとの依頼があったので，相手国に出掛けることに快諾した（2000年）。実習室にある４台の実験台に数名ずつの学生を振り分けて講義と実習を行った。実習を終えた後，各グループ毎に成果発表をすることになり，和やかな雰囲気で質疑討論をすることができた。

実習を終えた翌日のことである。科学科部長から，バンコク市内のプラナコーン区にある Tha Prajan キャンパスで，大学の大規模な卒業授与式（Graduate Diploma）が計画されているので，来賓として出席するよう誘いを受けた。大学の経営管理者の一人である部長は，黒地のアカデミックガウン１

図6.41　タマサット大学の Dr. Thongdee Leksophee（左）

着を準備してくれた（図6.41）。卒業式用には，教員用と学生用の２種類のガウンがある。女性教員は，全体が赤色のケープで，前身頃に黄色い切り返しが，胸には幅広の黄色いＶ字のネクタイが付いたガウンを身にまとう。全体に黒色で前身頃に広幅の黄色いリボンを首から下に垂れ下がるガウンは男性教員用である。黒色で左肩から黄色のスカーフが垂れ下がるデザインのガウンが学生用である。

　卒業式は午前中に開催される予定であったが，ワチラロンコン王子（現：国王）のご都合で，午後１時30分からの開会になった。卒業式が近づくと，私たち６名の関係教員は，卒業式を行う大講堂の正面舞台上の椅子に座りながら待機した。卒業式がはじまるとステージ中央には，王子のための「王座」が準備された。タマサット大学では，学部生と修士・博士課程に在籍するすべての学生を含めるとおよそ9,000人となる。私たちが待機した講堂では，総勢が合計3,000人もの卒業生の一人ひとりに王子から直接授与書が渡されるのであるが，大会場には卒業生全員が入りきれず，１回ではとても間に合わず，数回に分けて卒業式が挙行されることになる。

　卒業証書の授与がはじまった。壇上のステージ中央の「王座」に王子が着席される。王座の左側には，崩した膝を右に流す格好で３人の女性職員が座わる。王子が卒業生に卒業証書をお渡しになるには，卒業証書が積まれたテーブルから末席の女性が１枚の証書を取り出し，王子から一番遠い職員に渡す。証書はリレー形式で職員から職員へと渡り，最後に王子が手にされた証書を卒業生に授与されるのである。

卒業生が証書を受け取るときの卒業生の仕草（しぐさ）が面白い。右手で手刀を切るように掌（たなごころ）を左右に小さく数回振りながら，証書を押しいただくようにして両手で受け取る。これが，卒業式に臨席される王子への敬意を込めたタイ特有の卒業証書の受け取り方である。

　卒業生1人に要する時間は30〜40秒ほどであるが，数多くの学生がいるので卒業式にかかる所用時間は大変に長い。

　一度に3,000人の学生が入る講堂での卒業証書の授与であり，王子にはさぞお疲れのことであろう。卒業証書の授与は合計3回に分けて行うことになっていた。授与に30分ほどかけてから，20分の休憩を取りながら授与式が進行する。厳粛な証書授与式が済むと，学生たちは卒業できたことを喜び大声をあげながら大会場から屋外の広場にいっせいに飛び出す。学科や学部ごとに大勢の学部生が卒業生を取り囲み，卒業できた仲間を祝って喜びを分かち合う。卒業したDr.Thongdeeの教え子と卒業を喜びあった（図6.42）。タイ国との共同研究での副次的ではあるが，印象に残る貴重な経験をすることができた。

(7)　昆虫を愛する少年少女に望むこと

　小学生時代の共著者が昆虫に関心を抱くようになった動機は，コツコツとまとめた「蟻（あり）の研究」が県展に入賞したことであった。こうした経験を通しての教訓は，平凡な小学生であったとしても動機次第でその道の専門家になれる可能性があることである。多感な小学生であるので，何らかの動機があれば一つのことに打ち込む情熱をもち続けることが可能となり，その道の専門家になれ

図6.42　Dr.Thongdee Leksophee の教え子と

る。一人の昆虫少年や少女がふとした動機により，昆虫を扱う研究者になることも可能である。

　大きな夢を抱く昆虫少年少女には次のように提案したい。「長い期間，昆虫を愛し，細かく観察することをいとわないでほしい」。虫眼鏡（むしめがね）や低倍率の顕微鏡でも良いから，まずは，身近にいる小さい蟻のような昆虫の頭，胸，足，そして気門などを細かく観察することが昆虫を好きになる近道なのだ。小さな生き物の目や口，足の爪などをよく観察すると，昆虫は，驚くような形態と優れた機能的な器官を備えていることがわかるはずだ。観察した昆虫の器官をスケッチすることは昆虫をよりいっそう深く理解するための一助になる。

　生涯学習でカイコの説明を小学6年生にしたときも（6.3(2)），昆虫少年少女は強い関心をもってくれた（図6.43）。できばえはともかく，動き回るカイコを見ながら細かく観察し，精一杯に描いたスケッチが図6.44である。スケッチすることで昆虫の生態に興味をもつことができ昆虫の専門家になるための突破口が開かれるはずである。

　太平洋戦争中から戦後の物資のない時代を，共著者は小学生時代を過ごしたので良くわかるが，小学校では，顕微鏡は非常に大切な備品であった。現在では，小学生のために手に入りやすい価格で顕微鏡が売られている。おもちゃのような顕微鏡や虫眼鏡（むしめがね）であっても良いので，気楽に楽しみながら昆虫を細かく観察することは，昆虫少年少女の域を超えた研究者になる近道となるだろう。小さな昆虫の観察を通して，昆虫が好きになり，次の世代を担う生物学や工学の専門家になることも夢ではない。昆虫がもつ優れた機能を追究することで産

図6.43　生涯学習（小学6年生）

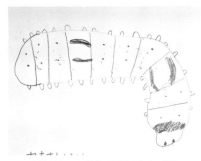

図6.44　小学生が描いたカイコ

業界に役立ち，バイオミメティクス技術につながる発明へのヒントにもなるだろう。

　絹糸昆虫に関して数多くのカラー写真を載せたこの拙著では，絹糸昆虫の生活環，生態，営繭などを紹介し，シルクを多目的に利用するための応用例が盛り込まれている。一般のヒトが見る機会の少ない，珍しくて希少価値のある絹糸昆虫の写真を見ながら，読み物としてご覧いただくようお願いしたい。昆虫好き人間が一人でも増えることを心から希望する。

⑻　絹糸昆虫と新素材開発

　カイコが中国からわが国に伝わってきたのは，今から2100年ほど前のこととされており，このころには国内でも野蚕がすでに生息していたに違いない。テンサンやヨナグニサンが吐き出す繭糸はカイコの繭糸と同様，衣料用に用いられた可能性はあるが，野蚕絹糸はどの時代に衣料素材として利用されはじめたかは定かではない。おそらく，山野で集めた野蚕繭を煮ることにより繭層を解<ruby>解<rt>ほぐ</rt></ruby>してつくった紡ぎ糸（紡績糸）を衣服用に用いたに違いない。現在，野蚕絹糸は，和服などに使われるが主に胴の部分に用いる布地の胴裏<ruby>胴裏<rt>どううら</rt></ruby>などに，カイコの絹糸は，和服，帯，袴<ruby>袴<rt>はかま</rt></ruby>，襦袢<ruby>襦袢<rt>じゅばん</rt></ruby>，スカーフ，ストッキングなどの衣料素材として広く利用されている。

　わが国では野蚕やカイコを利用した歴史は古く，上記記載のとおり衣料用に使用されてはいるが，野蚕やカイコに由来する絹繊維をバイオマテリアルに使用しようとの取り組みがはじまったのは，およそ1980（昭和55）年以降である。

それ以前は，生物学や工学の関係者は，野蚕やカイコのシルクに対していろいろな分析対象として関心を示すことはあった。1980年前は，新機能性素材の対象として昆虫シルクを産業に応用しようとの発想はなかった。

　シルク膜を例に解説してみよう。カイコの絹糸を溶解してシルク膜を製造する技術は古くからあり，その分子形態や熱的な挙動を調べるための測定用の素材に過ぎなかった。最近，素材の生理活性機能が追究され，バイオ材料として産業への応用に向けての研究が進むようになった。シルクを医療器材，機能性食品，化粧品・整髪料，工業用品などとして利用できる可能性が示唆されると，目を見張るような成果が発表されはじめた。

　絹糸昆虫の卵，幼虫，繭，蛹，蛾について述べた拙著の記載内容は，昆虫科学として有益であるばかりでなく，近い将来，さまざまな産業分野で多目的に応用する上で役立つ重要な情報源となるだろう。第3章，第4章，第5章，第6章では，シルクが多目的に利用できるいろいろな実例を紹介したが，これらの実例を参考にしながらシルクを利用するための開発研究がさらに展開することを希望したい。絹糸昆虫の絹糸に関する成果が盛んに出るようになると，絹糸昆虫のシルクは，「地球環境や自然環境を適切に保全するための持続可能な社会」を築く上で重要な素材になるのではないだろうか。絹糸昆虫のシルクは新しい産業材料として無尽蔵な可能性を秘めた宝の山のような天然資源である。生物資源のシルクは，このまま埋もれ去ることは実に「もったいない」ことである。

(9) バイオミメティクス

バイオミメティクス（Biomimetics）は、「生物の構造や機能、生産プロセスを分析して、そこから着想を得て、新しい技術開発や物づくりに活かす科学技術」を意味する。日本語の表記では生物模倣技術あるいは生物模倣と呼ばれる（Wikipedia より）。別な言い方をすれば、昆虫機能を模倣することで、生物の機能を活かし、産業分野での応用を目指す科学領域がバイオミメティクスである。

熱帯から寒帯にまで広く生息する昆虫は見事に気候適応を行っている。こうした優れた機能を解明することで、昆虫が温度適応を獲得することになった進化の過程を新たに見直すことができ、将来的には、環境適応性の機構を備えた物づくりに応用できるようになるかもしれない。

蜂や蝶のような小さな生き物は、限りあるパワーを省資源的に活用しながら見事に飛行する。こうした昆虫が飛行する技術的な機能を探求すれば、経済的に飛翔する飛行体の開発が将来的には可能になるのではないだろうか。

カイコの雄蛾の頭部にある一対の触角や臭覚器官である触角を走査型電子顕微鏡で観察してみた（図6.45-1、図6.45-2）。触角には雌蛾が発するフェロモンを精度良く検出する臭覚受容体があり、匂い物質を高精度で検出できる。このような臭覚機能がさらに詳細に解析できれば、ある種の匂い物質を高い精度で見つけ出すための省資源的なセンシング技術[40]の開発を行うための技術革新が可能となるのではないだろうか。

昆虫に由来するシルクがもつ成形性や理化学特性を追究することで新しい素材開発につながる可能性がある。シルクの構造変化からの着想を得て、シルク

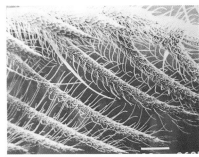 

図6.45-1　カイコ雄蛾の触角の走査型　　図6.45-2　カイコ雄蛾の触角の走査型
　　　　　電子顕微鏡写真　　　　　　　　　　　　　電子顕微鏡写真（拡大図）

の新しい素材づくりや，物づくりに活用できる科学技術は，狭義にはバイオミメティクス技術の応用といっても良いのではないだろうか。カイコから取り出したシルクを例にして説明しよう。シルク水溶液は，濃度，乾燥速度，乾燥温度の違いで，結晶構造が全く異なるシルクⅠあるいはシルクⅡの構造へと変わる素材である。シルク水溶液を蒸発乾固するさいシルクの水溶液濃度が薄く，乾燥速度が速いと，シルクは分子形態がランダムコイル状態になる。ランダムコイル状態のシルクをアルコール水溶液に数秒間，浸漬するだけでシルクⅡの構造に変化する。このような構造変化はカイコのシルクに比べて野蚕シルクでは極めて明瞭に見られる。

　グルコースオキシダーゼを包括したシルク膜をごく短時間，アルコールで処理してシルク膜を水に不溶化させる。これを糖濃度を計測するセンサー部に被覆することで，血液中に含まれる糖の量を家庭で測定できる小型血糖計のセンサー部に応用できる。昆虫シルクの特徴を知り，それを新素材開発につなげる試みはこれからも続けられることであろう。

　蚕糸・絹業界は，現在大変厳しい状況の中にありながらも前向きに取り組み，この動きの中で絹糸昆虫のシルク素材をバイオ材料として利用するための研究が進展し，今までとは異なった新しい芽吹きがはじまっている。拙書では絹糸昆虫とそれに由来するシルクの特性を解説し，それらを追及することで産業分野に応用できる新しい素材開発が可能となる例を紹介してきた。繊維業界のみならず各分野で研究に従事されている方々や，繊維を学びはじめた学生が絹糸昆虫に関心をもっていただくことにより，シルクの新しい有効利用の技術開発に弾みがつけば幸いである。拙書が有益な情報源となり，人々が絹糸昆虫と分け隔てなく暮らせる「共生社会」の樹立にお役に立てば望外の喜びである。

　出版にあたって蚕糸・繊維研究界の第一人者としてご活躍中の信州大学繊維学部長森川英明先生からは，鄭重な巻頭言をいただきました。本書を執筆するにあたって日本野蚕学会赤井弘会長をはじめ，お名前は記しませんが多くの方々のご協力をいただきましたことに深謝申し上げます。

2022年　春　著者

参考文献

33) 塚田益裕；ザザムシを食べる，加工技術，**52**(10)，57-29（2017）

34) 塚田益裕；昆虫と昆虫食，**54**(8)，pp. 14-15（2019）

35) 塚田益裕；アジア諸国での昆虫食，**54**(8)，pp. 16-17（2019）

36) 人口増，温暖化の二重苦　食糧「格差」が加速する
https://business.nikkei.com/atcl/NBD/19/special/00662/

37) 加藤義臣；夏眠，天蚕，サイエンスハウス（赤井弘・栗林茂治　編著），pp. 52-57
（1990）

38) 小林淳；カイコを食べる，カイコの科学（日本蚕糸学会編），朝倉書店，pp. 147-149
（2020）

39) 坂部寛，伊藤啓，宮本武明，野一色泰晴，河完植，再生絹フィブロインの血液適合
性　繊維学会誌，**45**(11)，pp. 487-490（1989）

40) 玉田靖，昆虫生体高分子のナノ空間固定によるバイオセンサー開発の試み，「未来材
料」，㈱エヌ・ティー・エス，pp .8-12（2004）

バイオミメティクス

　昆虫が進化する過程で獲得した特異的な機能は数多い。雌蛾のフェロモンを正確に嗅ぎ分ける雄蛾の臭覚機能，ヤママユガ科に属する雄蛾が同じ科の雌蛾の位置を正確に判別するセンシング機能，昆虫が光に群がる集光性などは，昆虫がもつ優れた機能の現れである。昆虫が示すこうした高精度で選択性をもつ機能を追究することにより，機能解析を発展させて産業に取り入れようとする科学が「バイオミメティクス」である。臭覚機能を追究・発展させることで雌蛾が放つ性フェロモンを検出する高精度のセンサーが既に開発されているように，私たちの身近にはバイオミメティクスの成果の恩恵を受ける例がいろいろある。

　雄蛾と雌蛾で観察できる形態的な差異は，櫛状に突き出る触角の大きさである。雄蛾に見られる長い櫛状触角には臭覚受容体があり，雌蛾の腹部末端のフェロモン腺から放出する性フェロモンを正確に精度良く嗅ぎ分けることができる。暗闇でもそして遠く離れていても，雄蛾は間違いなく雌蛾の位置を探すことができる。こうした例からもわかるように，特定物質を正確に間違いなく検出する機能は，昆虫分野以外でも応用が可能である。たとえば麻薬類の密輸入防止のため「麻薬探知犬」の代わりに，極微少量であっても麻薬類を精度良く検出するための検出センサーの開発が可能となるかもしれない。バイオミメティクス技術が貢献できる分野は数多い。

巻末資料

野蚕などに関する文献一覧

1) 加藤弘，秦珠子，安田公三，神田千鶴子；野蚕繭の精練染色と構造特性，日蚕雑，68(5)，pp. 405-415（1999）

2) 加藤弘；繭糸の染色「天蚕」（赤井弘・栗林茂治編著），サイエンスハウス，pp. 206-221（1990）

3) 鳴海多恵子，小林正彦，森精；絹糸虫類の繭糸中のボイドに関する電子顕微鏡観察，日蚕雑，62(6)，pp. 489-495（1993）

4) 赤井弘；野蚕シルクの魅力，その多孔性と多様性，pp. 238-243，繊維と工業，63(9)（2007）

5) 梶浦善太；蚕と野蚕の遺伝資源とそれらの応用，加工技術，48(10)，pp. 17-26（2013）

6) 三田村俊正；テンサンの人工飼料作成の問題点と今後の展望，蚕糸・昆虫バイオテック，82(2)，pp. 85-90（2013）

7) 梶浦善太；テンサン飼育のメッカ　安曇野市テンサンセンターの歴史と今後の展望，蚕糸・昆虫バイオテック，82(2)，pp. 91-95（2013）

8) 梶浦善太；野蚕のビテロジェニンの構造と遺伝子発現，蚕糸・昆虫バイオテック，78(1)，pp. 13-16（2009）

9) 鈴木幸一；テンサンの休眠から細胞増殖制御剤研究へ　ヤママユ由来の生理活性ペプチドを中心として，蚕糸・昆虫バイオテック，79(1)，pp. 3-11（2009）

10) 鈴木幸一；テンサン研究の現代的課題，蚕糸・昆虫バイオテック，82(2)，pp. 69-71（2013）

11) 塚田益裕，佐藤俊一，庄村茂，梶浦善太；ウスタビガ繭糸の形成および理化学特性，日本シルク学会誌，20，pp. 27-33（2012）

12) G. Freddi, A.B. Svilokos, H. Ishikawa, M. Tsukada；Chemical composition and physical properties of *Gonometa rufoburnnae* silk. J. Appl. Polym. Sci. **48**, pp. 99-106（1993）

13) M. Tsukada, G. Freddi, H. Ishikawa, N. Kasai；Structural changes of silk fibers induced by heat treatment. J. Appl. Polym. Sci. **46**, pp. 1945-1953（1992）

14) 塚田益裕；蚕によるシルクの紡糸法，加工技術，**49**(2)，pp. 42-43（2014）

15) 赤井弘；黄金繭クリキュラ　シルク資源シリーズ１，佐藤印刷，㈱つくば営業所，pp. 2-44（2015）

16) 赤井弘；アナフェ，社会性の巨大繭巣，シルク資源シリーズ２，佐藤印刷㈱つくば営業所（2016）

17) 塚田益裕；天蚕繭から生糸をとる　加工技術，**52**(4)，pp. 53-55（2017）

18) 塚田益裕，梶浦善太；ヒマサンとシンジュサンが面白い，加工技術，**48**(11)，pp. 14-15（2013）

19) 塚田益裕；今，野蚕のウスタビガが面白い，加工技術，**49**(3)，pp. 26-27（2014）

20) 塚田益裕；野蚕の飼育の基礎知識，加工技術，**48**(11)，pp. 14-15（2013）

21) K. Thangavelu A.K Saru; Further studies on the in–door rearing of muga silkworm, Sericologia, **26**(2), pp. 215-224 (1986)

22) K. Thangavelu; Domestication of muga silkworm, A mjor breakthroug in muga culture, Sericologia, **23**(2-3), pp. 153-158（1983）

23) Liu Rong, M. Jinfa, Z. Huanxian, Z. Baoqi; EDC/NHS corosslinked electrospun regnerated tussah silk fibroin, Fiber and Polymers, **5**, pp. 631-617（2012）

24) 伊藤昌章，多加喜未可，東啓子，岡松茂美，仲曽根豊一；エリ蚕シルクパウダーの機能性評価，Nippon Silk Gakkaishi，**25**，pp. 27-34（2017）

25) 梶浦善太；カイコ・野蚕の遺伝資源に関する研究―蚕糸業・野蚕糸業の復興にむけて―蚕糸・昆虫バイオテック，**80**(1)，pp. 37-41（2011）

26) 竹田敏；『山繭養法秘伝抄』解読，蚕糸・昆虫バイオテック，**79**(3)，pp. 167-176（2011）

27) 寺本憲之；天蚕の食性と適正飼料樹，蚕糸・昆虫バイオテック，**79**(3)，pp. 159-166（2011）

28) 瓜田章二；天蚕絹タンパク質の機能性利用への実用的可能性，蚕糸・昆虫バイオテック，**82**(2)，pp. 79-84（2013）

29) 木内信；野蚕特集にあたって，蚕糸・昆虫バイオテック，**89**(3)，pp. 149-151（2011）

30) K. Thangavelu, A.K. Chkraborty, A.K. Bhagowati, Md. Isa; Handbook of

Muga culture, Central Silk Bord, Bangalor city, (1988)

31）小泉勝夫；新編日本蚕糸・絹業史（下巻），オリピア印刷，pp. 222-228（2019）

32）崔相元；野蚕繭からの新規生理活性物質の同定と機能解析，岩手大学大学院連合農学研究科　生物環境科学専攻（岩手大学），学位論文（2009）

33）鈴木幸一；卵の人工孵化，「天蚕」（赤井弘・栗林茂治編著），サイエンスハウス，pp. 181-189（1990）

34）崔相元，鈴木幸一，瓜田章二；ウスタビガシルクパウダーからの抗ガビ活性物質の探索，東北蚕糸・昆虫利用研究報告，**29**，p. 17（2004）

35）遺伝子組換えカイコによるタンパク質生産技術
https://www.ibl-japan.co.jp/business/silkworm/

36）鈴木幸一；カイコでアルツハイマー病を治す，カイコの科学（日本蚕糸学会編），朝倉書店，pp. 152-153（2020）

37）井上元，シルク利用の歴史，カイコの科学（日本蚕糸学会編），朝倉書店，pp. 175-177（2020）

38）玉田　靖；シルクの加工技術，カイコの科学（日本蚕糸学会編），pp. 192-193（2020）

39）山本俊雄；特徴ある蚕品種繭の作出とその利用
https://www.naro.affrc.go.jp/archive/nias/silkwave/hiroba/FYI/kaisetu/yamamoto.htm

40）髙林千幸・森田聡美・林久美子・両角加代子；昭和初期に開発された生活用・産業用　絹製品について，日本シルク学会誌 21，pp. 49-56（2013）

41）平林潔，塚田益裕，杉浦清治，石川博，安村作郎；セリシンの熱分析，日蚕雑，**41**(5)，pp. 349-353（1972）

42）山本俊雄，間瀬啓介，宮島たか子，飯塚哲也；「セリシンホープ」
http://www.naro.affrc.go.jp/archive/nias/seika/nias/h13/nias01013.html

43）山本俊雄，間瀬啓介，宮島たか子，原 和二次郎；セリシンを大量に生産する蚕品種　特開2001-245550.

44）X. Zhang, Md. Majibur Khan, T. Yamamoto, M. Tsukada, H. Morikawa; Fabrication of silk sericin nanofibers from a silk sericin-hope cocoon with electrospinning method, International Journal of Biological Macromolecules,

50, pp. 337-347（2012）

45）塚田益裕；食害に強いシルク，加工技術，**40**(6)，pp. 24-25 （2014）

46）加藤弘，秦珠子，塚田益裕；天然色素抽出物によるヒメマルカツオブシムシ幼虫の食害抑制効果，日蚕雑，**72**(2)，pp. 55-63 （2003）

47）小泉勝夫；スカーフ史　新編日本蚕糸業史（下巻），オリンピア印刷株，pp. 273-274 （2019）

48）M. Tsukada, Md. Majibur Khan, T. Tanaka, H. Morikawa；Thermal characterizaiton and physical properties of silk grafted with phoshorous flame retardent agents, Textile Research Journal, **81**(15), pp. 1541-1548 (2011)

49）T. Arai, G. Freddi, R. Innocent, D.L. Kaplan, M. Tsukada；Acrylation of silk and wool with acid anhydrides and preparation of water-repellent fibers, J. Appl. Polym. Sci., **82**, pp. 2832-2841 (2001)

50）T. Arai, G.Freddi, F.Innocenti, M.Tsukada；Preparation of water-repellent silks by a reaction with Octadecenylsuccinic anhydries, J. Appl. Polym. Sci., 89, pp. 324-332 (2003)

51）塚田益裕；抗菌性シルクの製造と抗菌活性評価，加工技術，**49**(9)，pp. 37-39 （2014）

52）T. Arai, G. Freddi, G. M. Colonna, E. Scotti, A. Boschi, R. Murakami, M. Tsukada；Absorption of metal cations by modified Bombyx mori silk and preparation of fabrics with antimicrobial activity, Journal of Applied Polymer Science, **80**, pp. 297-303 (2001)

53）塚田益裕；金属を配位させた抗菌性シルク，繊維加工，**50**(10)，pp. 22-24 （2015）

54）N. Minoura, M. Tsukada, M. Nagura；Fine structure and oxygen permeability of silk fibroin membrane treated with methanol, Polymer, **31**, pp. 265-269 (1990)

55）塚田益裕，石黒善夫；土壌中でのシルクの分解，加工技術，**49**(5)，pp. 42-44 （2014 15）

56）M. Tsukada, G. Islam, Y. Ishiguro；Bioactive silk proeins as geotextile substrate, Texties & Clothing Bngladesh, Jan. Feb. Mar 5-6 (2007)

57）今井庸二，渡辺昭彦；細胞の付着と増殖の制御に関する高分子の基礎的

研究　日本化学会誌，（6），pp. 1259-1264（1985）

58) P. Taddei, M. Di Foggia, S. Martinotti, E. Ranzato, I.; Carmagnola, V. Chiono, M. Tsukada, Silk fibres grafted with 2 Hydroxyethyl methacrylate (HEMA) and 4-Hydroxybutyl acrylate (HBA) for biomedical application. International Journal of Biological Macromolecules, **107**, (2018), pp. 537-548 (2018)

59) Y. Gotoh, M. Tsukada, N. Minoura, Y. Imai; Synthesis of poly (ethylene glycol)-silk fibroin conjugates and surface interaction between L-929 cells and the conjugates, Biomaterials, **18**, pp. 267-271 (1997)

60) Y. Gotoh, M. Tsukada, T. Baba, N. Minoura; Physical properties and structure of poly (ethylene glycol)-silk fibroin conjugate films, Polymer, **38**, pp. 487-490 (1997)

61) Y. Gotoh, M. Tsukada, and N. Minoura; Effect of the chemical modification of the arginyl residue in Bombyx mori silk fibroin on the attachment and growth of fibroblast cells, J. Biomed Mater Res., **39**, pp. 351-357 (1998)

62) N.Minoura, S. Aiba, H.Higuchi, Y.Gotoh, M.Tsukada, Y.Imai; Attachment and growth of fibroblast cell on silk fibroin. Biochem Biophys Res Commun, **208**, pp. 511-516 (1995)

63) N.Minoura, S. Aiba, Y.Gotho, M. Tsukada, Y. Imai; Attachment and growth of cultured fibroblast cells on silk protein matrices, J. Biomed Mater Res **29**, pp. 1215-1221 (1995)

64) M.Tsukada, F. Freddi, M. Nagura, H. Ishikawa, N. Kasai; Structural changes of silk fibers induced by heat treatment. J. Appl. Polym. Sci **46**, pp. 1945-1953 (1992)

65) M. Tsukada, G. Freddi, N. Kasai, and P. Monti; Structure and molecular conformation of tussah silk fibroin films treated with water-methanol solution, Journal of Polymer Sci: Polymer Physics Edition., **36**, pp. 2717-2724 (1998)

66) M.Tsukada, H. Shiozaki; Chemical and property modification of silk with dibasic acid anhydrides, J Appl. Polym Sci., **37**, pp. 2637-2644 (1989)

67) M.Tsukada, Y. Gotoh, G. Freddi, H. Shiozaki; Chemical modification of silk with aromatic acid anhydrides. J. Appl Polym. Sci., **45**, pp. 1189-1194 (1992)

68) M.Tsukad, T. Arai, S. Winkler; Chemical modificaiton of tussah silk with acid anhydrides. J. Appl. Polym. Scie, **78**, pp. 382–391 (2000)

69) M.Tsukada, G. Freddi, Y. Gotoh, N.Kasai; Physical and chemical properties of tussah silk fibroin films. J Polym Sci, Polym. Physics Edition, **32**, pp. 1407–1412 (1994)

絹糸昆虫などに関する書籍リスト

カイコの科学，日本蚕糸学会編，朝倉書店（2020）

大蚕，赤井弘・栗林茂治 編者，サイエンスハウス（1990）

昆虫機能の秘密，竹田敏，工業調査会（2003）

昆虫博物館，石井象二郎，明現社（1988）

真綿の文化誌，嶋崎昭典，サイエンスハウス（1992）

カイコと教育・研究，森 精，サイエンスハウス（1995）

シルクへの招待，小松計一，サイエンスハウス（1997）

蚕の品種改良，田島弥太郎，サイエンスハウス（1993）

蚕糸業の歩みとこの底辺を支えた人々，小泉勝夫，湘南グッド（1997）

真綿と紬，日本真綿協会（2003）

昆虫の謎と追う，茅野春雄，学会出版センター（2000）

昆虫機能利用研究，竹田敏，農業生物資源研究所（2006）

昆虫の生化学，茅野春雄，東京大学出版社（1980）

昆虫はどのようにして冬を越すのか，茅野春雄，偕成社（1995）

幕末に海を渡った養蚕書，竹田敏，東海大学出版部（2016）

昆虫学への招待，石井象二郎，岩波書店新書（1970）

昆虫の生理活性物質，石井象二郎，南江堂（1969）

カイコの実験単，エヌ・ティー・エス（2019）

絹の文化誌，篠原昭，嶋崎昭典，白倫 編著，信濃毎日新聞社（1991）

蠶と蠶飼外史，田中茂男，田中印刷（2010）

新編日本蚕糸・絹業史（上巻），小泉勝夫，オリンピア印刷株式会社（2019）

新編日本蚕糸・絹業史（下巻），小泉勝夫，オリンピア印刷株式会社（2019）

昆虫バイオ工場，木村滋，工業調査会（2000）

昆虫に学ぶ，木村滋，工業調査会（1996）

アジアの昆虫資源，松香光夫，栗林茂治，梅宮献二著，国際農林水産業研究
　　センター（1998）

人の絹，布目順郎，小学館（1995）

改訂 蚕糸学入門，日本蚕糸学会編，大日本蚕糸会（2002）

総合蚕糸学，福田紀文，日本蚕糸新聞（1979）

家蚕生理学，伊藤智雄，裳華房（1984）

最新昆虫病理学，国見裕久，小林迪弘，講談社（2014）

昆虫生理生態学，河野義明，田付貞洋編，朝倉書店（2007）

サイボーグ昆虫 フェロモンを追う，神崎亮平，岩波科学ライブラリー，岩波書店（2014）

繭ハンドブック，三田村敏正，文一総合出版（2013）

昆虫科学読本，藤井毅，東海大学出版（2015）

昆虫生物学，小原嘉明 編，朝倉書店（1995）

天蚕 飼育から製糸まで—，中嶋福雄，農山漁村文化協会（1986）

応用昆虫学，石井幸男，野村昌志編，朝倉書店（2020）

蚕を養う女たち，倉石あつ子，岩田書院（2021）

関連学会

一般社団法人日本蚕糸学会

　〒305-8634　茨城県つくば市大わし1-2

　　国立研究開発法人農業・食品産業技術総合研究機構内

　　一般社団法人日本蚕糸学会　事務局

日本野蚕学会

　〒305-0851　茨城県つくば市大わし1-2

　　国立研究開発法人　農業・食品産業技術総合研究機構内　日本野蚕学会事務局

一般社団法人 日本応用動物昆虫学会

　〒114-0015　東京都北区中里2-28-10　日本植物防疫協会内

用語辞典

1）蚕糸学用語辞典　蚕糸学用語辞典編纂委員会　日本蚕糸学会（1979）

2）蚕糸絹用語集　蚕糸絹用語編纂委員会　大日本蚕糸会（2011）

3）昆虫学大事典，三橋淳 著者／編者，朝倉書店（2003）

第1表　わが国に生息あるいは飼育しているカイコ・野蚕の生態等概要

	カイコ	クワコ	テンサン	サクサン	クスサン	ウスタビガ
分類学上の科名	カイコガ科	カイコガ科	ヤママユガ科	ヤママユガ科	ヤママユガ科	ヤママユガ科
国内の生息地域又は飼育種	北海道〜沖縄	北海道〜九州，対馬，屋久島，吐噶喇列島（南限は悪石島）	北海道〜九州，対馬，屋久島，奄美大島，沖縄島	野外に生息せず飼育種	北海道〜九州，対馬，屋久島，奄美大島，沖縄島（中国北部，台湾）	北海道〜九州，
飼料葉葉	桑	桑	クヌギ　カリン　コナラ　マテバシイ　カシワ　スダジイ	クヌギ　クリ　ナラ　カシワ	クリ　カキ　コナラ　ウメ　リンゴ　イチョウ	クヌギ　ナラ　カシワ　サクラ　ケヤキ　カエデ
化　　性	1〜2化性	1〜3化性	1化性	2化性	1化性	1化性
孵化時期	4月下〜（農家飼育用）	4月下〜6月上　7月上〜8月上　8月下〜9月中	4月下〜5月上	5月中下旬　8月上旬	4〜7月	4月（長野）　4〜5月
幼虫期間（日）	20〜30	15〜30　40〜50（長い例）	屋外50〜60　屋内32〜42	45〜60日		60日前後ぐらい
羽化時期	6月中〜	6月下〜7月上　8月上〜中　9月中〜11月上	5月下〜6月中	4月下〜5月上　7月下〜8月上	9月〜10月	10月末〜11月下
脱皮回数（回）	3〜5	3〜4	4	4	6	4
繭重（g）	1.8〜2.2	0.2〜1.2	6〜8	6		
繭　　色	白色，黄色，笹色，肉色　など	白・淡黄色	緑色	茶褐色　薄茶褐色	茶褐色	緑色
産卵数（粒）	250〜600	造卵数約300粒	100〜250	150〜300		100〜200
越冬方法	卵	卵	卵	蛹	卵	卵
構成アミノ酸	Ala, Gly, Ser	Ala, Gly, Ser	主要AA, Ala	主要AA, Ala	主要AA, Ala	主要AA, Ala
特記事項	人工孵化法確立し年間飼育可能　呼称：繊維の女王	桑葉を巻いて営繭　蛾の移動分散産卵	蛹夏眠　呼称：繊維のダイヤモンド	1877年中国（清国）から輸入	幼虫の白い長い毛と青い気門　雑食性　網目状の繭，蛹夏眠	繭型は叺状で閉じ口扁平　長期の蛹夏眠

注：空欄は絹糸昆虫の情報が不十分のため未記載

略語：AA　アミノ酸，Ala　アラニン，Gly　グリシン，Ser　セリン

オオミズアオ	シンジュサン	エリサン	エゾヨツメ	ヨナグニサン	ヒメヤママユ
ヤママユガ科	ヤママユガ科	ヤママユガ科	ヤママユガ科	ヤママユガ科	ヤママユガ科
北海道～九州, 対馬, 屋久島	北海道～九州, 津島, 種子島, 屋久島, 奄美大島, 徳之島, 沖永良部島, 沖縄島	野外に生息せず飼育種	北海道～九州, 対馬, 屋久島	石垣島, 西表島, 与那国島	北海道～九州, 対馬, 屋久島
サクラ ウメ カエデ ナシ クリ モミジ	シンジュ リンゴ エゴノキ ネズミモチ モクセイ クヌギ	ヒマ シンジュ キャッサバ	ハンノキ クリ カバノキ カシワ ブナ コナラ	アカギ モクタチバナ フカノキ	サクラ ウメ クリ ケヤキ クヌギ コナラ
1～2化性	1～2化性	多化性	1化性	3～4化性	1化性
4～5月 7～8月ごろ	5～6月 8～9月	年間を通じて孵化	春に孵化	4月, 7月下～8月, 10月上中	4月下旬～5月
	35日ぐらい	20間ぐらい		43～53日	50日ぐらい
4月下～5月 7～8月	5～6月 8～9月	年間通じて羽化	4月下～6月中	4月, 7月下～8月, 10月上中	10～11月
4	4	4	4	5	4
				7～11	
褐色	淡黄色	灰白色	焦げ茶色 赤褐色, 黄褐色	灰褐色	淡褐色
				200粒内外	
蛹	蛹		6月下～7月上旬 蛹化し蛹で越冬	蛹	卵
主要 AA, Ala	主要 AA, Ala	主要 AA, Ala	主要 AA, Ala	主要 AA, Ala	
都会で生息する事例あり	繭は細長・紡錘形	二重繭層のボカ繭結繭	幼虫1～4齢刺状突起, 5齢こぶ状突起	幼虫の体色は各齢変化	幼虫の文様は各齢変化 網目状の繭

第2表　外国に生息するカイコ・野蚕の生態等概要

分類学上の科名	カイコ	クワコ	ウスバクワコ	インドクワコ	クリキュラ	アナフェ	ゴノメタ	ムガサン	タサールサン	アタクスシャドリイ	セクロピアサン
科名	カイコガ科	カイコガ科	カイコガ科	カイコガ科	ヤママユガ科	キョウレツムシ科	カレハガ科	ヤママユガ科	ヤママユガ科	ヤママユガ科	ヤママユガ科
生息地	世界各地で飼育	中国、朝鮮半島、台湾、日本、極東ロシア	中国、朝鮮半島	インド、ネパール、ブータン、ベトナム、インド・タイ・ミャンマー、フィリピン、カンボジア	インドネシア、インド・タイ、ミャンマー、フィリピン、カンボジア、ベトナム	アフリカ中央部、東アフリカ、マダガスカル島	アフリカ中央部、南部のサバンナ地方、マダガスカル島	インド（アッサム地方）	インド（中部）、ラオス、インド東北部	マダガスカル・ラオ島	カナダ、アメリカ北部、七大陸部
飼料葉	桑	桑	桑	桑	マンゴ、アボガド、街路樹	イチジク族樹、マメ科タマリンド科レイヤ	モパニ、アカシア	タブノキ、イスガシ、コナラ属樹	コナラ、サラソウジュ、アカメガシワ属	ルチャ、ヴァイ、アボダア	カエデ、プナ、モクレイシ、マツ、ツツジ、バラ
化性	1・2・多化性	1～3化性	2～3化性	2～4化性（インド）	多化性	2化性		3～5化性	1～3化性	2化性	1化性
孵化時明	年間	年間			年間					1～2・7～8月	
孵化時明	年間				年間					1～2・7～8月	
幼虫期間	20～30								45日内外	約1か月	
羽化時明	年間				年間			約1か月		4～5・10～11月	春～初夏
幼虫脱皮回数	3～5回	3～4回	4回	4～5回		4回		4回	4回		
繭重又は繭層重	1.8～2.2				繭重52～143mg	繭重の差大			繭重7～16g	繭重14～21g	
繭の色	白色・黄色など	白色・淡黄色など			黄金色	茶褐色		濃淡ある茶褐色	褐色・黄緑色	銅色	
営繭方法	回転族・折り廻族等に営繭				単独・数回密集	超大型繭（数百頭で集団営繭）	イバラの中の種	超育円形の繭、柄を付け営繭	丈夫な柄を付け貨樹のルチャ等に営繭		
産卵数	250～600				数百粒	数百粒			約100粒	約100粒	
休眠ステージ	卵	卵	卵	卵							蛹
アミノ酸	Ala, Gly, Ser	Ala, Gly, Ser			主要AA、Ala	主要Ala、Gly	主要Gly、Ala	主要Al、Gly		主要Al、Gly	
繊維利用状況	繊維・非繊維に利用				装飾品等	木綿と混め織物	微物	ショール・晴着	織物	製品試作中	
特記事項	野蚕ではない。自然では生息できない。人工野化上種立し年間飼育可能	染色体数(n=)中国28、台湾28、朝鮮半島27、28、日本27	染色体数=22	幼虫腹部背面に特徴的突起 染色体数n-31	複数の種と重細あり	複数の種の生	ケニアに複数の種、刺状の針の生えた硬い繭		別名：インドタサール		幼虫背面に赤、黄、青面に水色突記 都市にも生息

注：空欄は絹糸昆虫の情報が不十分のため未記載

略語：AA アミノ酸、Al アルギニン、Ala アラニン、Gly グリシン

第3表　カイコと野蚕の孵化時期、繭重、産卵数等

	飼料菜	孵化時期	成熟まで、日	羽化時期	化性	脱皮回数、回	産卵数、個	幼虫重、g	繭重、g	主要なアミノ酸	特記事項
テンサン	柞、楢	4月下～5月上	42-52　50-60	8～9月	1	4	150-200	17-20	6～8	Ala 多い	夏眠
サクサン	橇、柏、栩	5月中下～8月上旬	42-52	4月下旬～5月上旬	2	4	150-300	17-20	6～7.5	Ala 多い	蛹で越冬
カイコ	桑	4月下～	26	6月中・下旬	1、2、多化	3～5	500-650	5	1.8-2.2	Gly, Ala, Ser.	卵で越冬

第4表　カイコと野蚕の卵、蛹、繭重、繭糸繊度、強伸度等

	繭重*, g	繭層重*, g	繭層歩合*, %	繊度*, d	伸度*, %	強度*	卵重**, g	卵の大きさ**, mm	蛹の大きさ**, mm	蛹重**, g	翅開張, cm	5齢体重, g	発蛾時刻	採種法
テンサン	5.6～8.3	0.6～0.7	8～10	5	44	2.5	2.83 (2.6)	4×1.8 (3.6×1.6)	4×1.8 (3.6×1.6, 4)	7.3 (5, 4)	15～18	15～18	PM 8:00～12:00	籠採法、袋採法
サクサン	7.9～8.3	0.9	10～12	6.14	32	2	2.83 (1.88)		3.8	6.1	15～18	15～18	PM 4:00～9:00	簂採法、袋採法
カイコ	2.03	0.43	22～25	2.5～3.0	22	1		1.4 (1.1)	3×1.3 (2.8×1.2)	1.9 (1.5)	4～5	6	AM 6:00～9:00	平卵、散卵、袋採法

テンサン　卵の大きさ：2.8 (2.6) とは雌 2.8 (2.6) を意味する

テンサン　野蚕の大きさ：4×1.8 (3.6×1.6) とは雌 4×1.8 (3.6×1.6)

＊ 卵の大きさ：2.8 (2.6) とは雌 2.8、雄 2.6 を意味する

＊ 塚田益裕、野蚕の飼育の基礎知識、加工技術、48(10), pp.14-15 (2013)

＊＊ 栗林茂治、天蚕（赤井弘、栗林茂治編著）、サイエンスハウス、pp.8-17 (1990)

索　引

● 著者略歴

塚田 益裕

1947年 （昭和22年）生まれ
1972年 信州大学大学院繊維学研究科
　　　 繊維学専攻修士課程修了
1973年 農林省蚕糸試験場研究員
2008年 信州大学繊維学部応用生物科
　　　 学科教授
2013年 信州大学特任教授
　　　 この間，クローバルナール
　　　 大学に留学（1980年）
　　　 工学博士（大阪大学・1984
　　　 年）
2016年 日本シルク学会賞受賞

著書 医療用天然繊維の最新知識
（共著，1988），昆虫学大事典
（共著，2003）

小泉 勝夫

1936年 （昭和11年）生まれ
1959年 信州大学繊維学部養蚕学科卒
　　　 業
1959年 愛知県蚕業試験場豊川支場勤
　　　 務
1964年 神奈川県蚕業試験場勤務
1967年 神奈川県蚕業センター勤務
1995年 神奈川県農業総合研究所蚕糸
　　　 検査場　場長
1997年 ㈶シルクセンター国際貿易観
　　　 光会館博物館　部長
2015年 蚕糸功績賞受賞

著書 「蚕糸の知識と活用」（1996年），
「新編日本蚕糸・絹業史　上巻，
下巻」（2019年）　など

もっと知りたい絹糸昆虫

初 版　　2022年 3月 1日発行

著　　者／塚田　益裕，小泉　勝夫
発 行 所／株式会社 ファイバー・ジャパン
　　　　　〒661−0975　兵庫県尼崎市下坂部3−9−20
　　　　　電　　話　06-4950-6283　ファクシミリ　06-4950-6284
　　　　　E-mail：info@fiberjapan.co.jp　https：//www.fiberjapan.co.jp
　　　　　振替：00950-6-334324

印刷・製本所／尼崎印刷株式会社